危险化学品安全技术与管理研究

叶光莉　杨延昭　著

中国原子能出版社

图书在版编目（CIP）数据

危险化学品安全技术与管理研究 / 叶光莉，杨延昭著 .-- 北京：中国原子能出版社，2023.2
ISBN 978-7-5221-1718-8

Ⅰ . ①危… Ⅱ . ①叶… ②杨… Ⅲ . ①化学品 – 危险物品管理 – 安全管理 – 研究 Ⅳ . ① TQ086.5

中国国家版本馆 CIP 数据核字 (2023) 第 041898 号

内容简介

本书属于危险化学品安全技术与管理方面的专著，由危险化学品的概念与特征分析、危险化学品安全管理概述、危险化学品的安全储存技术研究、危险化学品安全生产技术研究、危险化学品的安全管理策略研究、危险化学品安全技术与管理实际案例研究等几部分组成，全书以危险化学品的安全问题为研究对象，分析危险化学品危害、危险化学品的管理职责与内容、危险化学品储存的危险性、危险化学品存储原则、危险化学品生产过程安全技术、重大危险管理策略等，并通过实际案例对危险化学品的存储与管理等进行研究，对从事安全生产、危险化学品安全管理等方面的研究者与工作者具有学习和参考价值。

危险化学品安全技术与管理研究

出版发行	中国原子能出版社（北京市海淀区阜成路 43 号　100048）
责任编辑	刘东鹏　王齐飞
装帧设计	河北优盛文化传播有限公司
责任校对	冯莲凤
责任印制	赵　明
印　　刷	北京天恒嘉业印刷有限公司
开　　本	710 mm×1000 mm　1/16
印　　张	14
字　　数	257 千字
版　　次	2023 年 2 月第 1 版　　2023 年 2 月第 1 次印刷
书　　号	ISBN 978-7-5221-1718-8　　定　　价　98.00 元

前言 PREFACE

在日常生产、生活中，企业和个人都会不可避免地贮存危险化学品，在方便使用的同时，也带来了贮存安全风险。由于贮存时危险化学品的数量和种类往往比较多，一旦发生事故，具有影响范围广、救援难度大等特点，贮存安全风险不亚于生产、运输、使用等环节的风险。比如天津港“8・12”瑞海公司危险品仓库特别重大火灾爆炸事故、江苏响水天嘉宜化工有限公司“3・12”特别重大爆炸事故。这些危险化学品贮存事故的发生给人民群众的生命财产安全造成极大损害，也产生了一定程度的社会恐慌。另外，危险化学品槽罐车公路运输事故频发、危险性高，有效防控危化品运输事故对保障我国交通运输安全具有重要意义和现实迫切性。

本书属于危险化学品安全技术与管理方面的专著，由危险化学品的概念与特征分析、危险化学品安全管理概述、危险化学品的安全贮存技术研究、危险化学品安全生产技术研究、危险化学品的安全管理策略研究、危险化学品安全技术与管理实际案例研究等几部分组成，全书以危险化学品的安全问题为研究对象，分析危险化学品的危害、危险化学品的管理职责与内容、危险化学品贮存的危险性、危险化学品贮存原则、危险化学品生产过程安全技术、重大危险管理策略等，并通过实际案例对危险化学品的贮存与管理等进行研究，对从事安全生产、危险化学品安全管理等方面的研究者与工作者具有学习和参考价值。

本书由叶光莉和杨延昭共同撰写完成，其中叶光莉撰写 14 万字，杨延昭撰写 11.7 万字。由于作者水平有限，书中难免有疏漏之处，请广大读者批评指正。

目录 CONTENT

第一章　危险化学品的概念与特征分析 …………………………………… 001

第一节　危险化学品与危害 …………………………………… 001

第二节　危险化学品的分类与特性 …………………………………… 002

第三节　危险化学品安全标签与特性 …………………………………… 010

第二章　危险化学品安全管理概述 …………………………………… 020

第一节　危险化学品安全管理概况 …………………………………… 020

第二节　危险化学品安全监督管理职责 …………………………………… 022

第三节　危险化学品生产经营单位安全管理 …………………………………… 024

第三章　危险化学品的安全贮存技术研究 …………………………………… 033

第一节　危险化学品贮存的危险性分析 …………………………………… 033

第二节　危险化学品贮存原则 …………………………………… 040

第三节　危险化学品贮存的消防安全管理 …………………………………… 044

第四节　易燃易爆的安全贮存 …………………………………… 054

第五节　毒害品与腐蚀性物品的安全贮存 …………………………………… 061

第四章　危险化学品安全生产技术研究 …………………………………… 072

第一节　危险化学品生产过程安全技术 …………………………………… 072

第二节　化工机械设备安全技术 …………………………………… 095

第三节　危险化学品电气安全技术 …………………………………… 126

第五章　危险化学品的安全管理策略研究 …………………………………… 133

第一节　重大危险源管理策略分析 …………………………………… 133

第二节　危险化学品事故应急管理策略分析 …………………………………… 137

第三节　危险化学品运输安全管理策略分析 …………………………………… 161

第六章　危险化学品安全技术与管理实际案例研究……172
第一节　大型甲类仓库典型危险化学品爆炸灾害效应时空演化规律及防控策略……172
第二节　化工园区危险化学品贮存风险管理研究……199
参考文献……214

第一章　危险化学品的概念与特征分析

第一节　危险化学品与危害

一、危险化学品的基本概念

化学品包括各种化学元素、由元素组成的化合物及其混合物。化学品的种类繁多，归纳起来有纯净物和混合物两大类。纯净物又包括单质、化合物两类，其中单质有金属、非金属和惰性气体等三类；化合物则有无机化合物、有机化合物之分。无机化合物含有酸、碱、盐及氧化物；有机化合物包括烃类物质和烃的衍生物。其中烃类物质又有饱和链烷烃、不饱和链烃（即烯烃和炔烃、环烷烃、芳香烃）；烃的衍生物包括卤代烷、羟基化合物（醇酚等）、羰基化合物（醛、酮等）、羧基化合物（有机酸）、酯、硝基化合物、胺、醚、糖类、蛋白质类、含金属或非金属元素的有机物。

化学品因其组成和结构不同而性质各异。其中有些具有易燃易爆、有毒有害及腐蚀特性会引起人身伤亡、财产损毁或对环境造成污染的化学品称为危险化学品。目前人类已经发现的危险化学品有 6 000 多种，其中最常用的有 2 000 多种。为便于在生产、使用、贮存、运输及装卸等过程中的安全管理。我国按照危险化学品的主要危险性对其进行分类。同一类危险化学品具有该类的危险特性，但有的还同时具有其他危险性。例如甲醇很容易燃烧，毒性也很强，误服 25 mL 即能致人死亡。但它的主要危险性是易燃，故划为易燃液体类。又如氯气毒性很大，同时具有强氧化性和腐蚀性，但氯气经压缩贮存在气瓶中，所以归于气体一类。

二、危险化学品的危害

危险化学品由于具有危险、危害特性，一旦发生事故会造成很大的危害。后果归纳起来主要有以下三个方面。

（一）火灾爆炸危害性

绝大多数危险化学品都具有易燃易爆危险特性。无机氧化剂本身不燃，但接触可燃物质很易燃烧。有机氧化剂自身就可发生燃烧爆炸，有些腐蚀品和毒害品也有易燃易爆危险。又因生产或使用过程中往往处于高温、高压或低温、低压的环境因此在生产、使用贮存、经营及运输、装卸等过程中若控制不当或管理不善很容易引起火灾、爆炸事故从而造成严重的破坏后果。

（二）毒害性

危险化学品中有相当一部分具有毒害性。在一定条件下人体接触能对健康带来危害甚至致人伤亡，而且有数百种危险化学品具有致癌性，如苯、砷化氢、环氧乙烷等，已被国际癌症研究中心确认为人类致癌物。

（三）环境污染性

绝大多数危险化学品一旦泄漏出来会对环境造成严重的污染（如对水、大气层、空气、土壤的污染），进而影响人的健康。

第二节　危险化学品的分类与特性

一、危险化学品的分类

危险化学品品种繁多、性质各异，而且一种危险化学品往往具有多重危险性。例如二硝基苯酚既有爆炸性、易燃性，又有毒害性。因此对危险化学品分类时遵循“择重归类”的原则，即根据危险化学品的主要危险性来进行分类。

随着化学品在国际贸易中的比例日益增加，其在各个国家的经济发展中发挥的作用越来越重要。同时伴随着全球经济一体化的发展趋势，化学品的国际贸易也得到迅速发展。由于各国对化学品的分类和标志不完全一致，给

国际贸易带来了一定的障碍。随着许多国家对这一问题逐渐关注，于是出现了“Globally Harmonized System of Clasification and Labelling of Chemical”（GHS），中文称为“化学品分类与标签全球协调系统”，简称化学品全球协调系统。我国按照 GHS 的方法制定了国家标准 GB 13690—2009《化学品分类和危险性公示通则》，按照化学品的物理危险及健康和环境危害两个方面将其分为以下 27 类。

1. 按物理危险分为 16 类

（1）爆炸物。

（2）易燃气体。

（3）易燃气溶胶。

（4）氧化性气体。

（5）压力下气体。

（6）易燃液体。

（7）易燃固体。

（8）自反应物质及其混合物。

（9）自燃液体。

（10）自燃固体。

（11）自热物质及其混合物。

（12）遇水放出易燃气体的物质及其混合物。

（13）氧化性固体。

（14）有机过氧化物。

（15）氧化性液体。

（16）金属腐蚀物。

2. 按健康和环境危害分为 11 类

（1）急性毒性。

（2）皮肤腐蚀 / 刺激。

（3）严重眼睛损害 / 眼睛刺激性。

（4）呼吸或皮肤过敏。

（5）生殖细胞突变性。

（6）致癌性。

（7）生殖毒性。

（8）特定靶器官系统毒性——单次暴露。

（9）特定靶器官系统毒性——重复暴露。

（10）吸入危险。

（11）水环境的危害。

二、危险化学品分类的定义与特性

（一）爆炸物的定义及特性

1. 定义

（1）爆炸性物质。指固体或液体物质（或这些物质的混合物）自身能够通过化学反应产生气体其温度、压力和速度高到能对周围造成破坏，包括不放出气体的烟火物质。其中烟火物质是指能产生热、光、声、气体或烟的效果或这些效果加在一起的一种物质或物质混合物，这些效果是由不起爆的自持放热化学反应产生的。

（2）爆炸性物品。指含有一种或几种爆炸性物质的物品。

（3）为产生爆炸或焰火实际效果而制造的上述两项中未提及的物质或物品。

爆炸品按其在运输中的危险特性又可分为以下六项。

第 1 项：有整体爆炸危险的物质和物品。

第 2 项：有迸射危险，但无整体爆炸危险的物质和物品。

第 3 项：有燃烧危险并有局部爆炸危险或局部迸射危险或这两种危险都有，但无整体爆炸危险的物质和物品。包括：可产生大量辐射热的物质和物品；相继燃烧产生局部爆炸或迸射效应或两种效应兼而有之的物质和物品。

第 4 项：不呈现重大危险的物质和物品。包括运输中万一点燃或引发时仅出现小危险的物质和物品，其影响主要限于包件本身预计射出的碎片不大、射程也不远且外部火烧不会引起包件内全部内装物的瞬间爆炸。

第 5 项：有整体爆炸危险的非常不敏感的物质。包括有整体爆炸危险性、但非常不敏感以致在正常运输条件下引发或由燃烧转为爆炸的可能性很小的物质。

第 6 项：无整体爆炸危险的极端不敏感物品。包括仅含有极端不敏感起爆物质、并且其意外引发爆炸或传播的概率可忽略不计的物品。注：该项物品的危险仅限于单个物品的爆炸。

2. 特性

爆炸品都具有以下危险特性。

（1）爆炸破坏力大。爆炸品爆炸的破坏力比气体混合物爆炸要大得多，

这主要因为爆炸品在爆炸过程中具有以下几个特点。

①反应速度极快。爆炸品爆炸时反应速度极快，仅在万分之一秒或更短时间内即可完成。例如 1 kg 硝铵炸药在十万之三秒就完成爆炸。爆炸速度越快，爆炸破坏力越大。

②放出大量热量。爆炸品爆炸时都放出大量热量，由于在短时间内放出大量热量，使爆炸中心的温度可达数千摄氏度。

③产生大量气体。爆炸品爆炸时都产生大量气体，导致爆炸点附近瞬间压力急剧升高，高压气体在向周围扩散时产生冲击波，从而造成很大的破坏作用。

（2）敏感度高。爆炸品在激发能量作用下发生爆炸的难易程度称为敏感度。它是以引起爆炸品爆炸所需要的最小外界能量来表示的，这种能量称为起爆能。爆炸品的起爆能越小，敏感度越高。

敏感度可用温度敏感度和撞击敏感度两种方法表示。温度敏感度是用爆炸品起爆所需温度来表示。所需温度越低，则温度敏感度越高。撞击敏感度常以 10 kg 重的落锤从 25 cm 高处落下引起爆炸的百分数来表示。例如 TNT 为 4% ～ 12%，苦味酸为 24% ～ 32%，泰安为 100%，故泰安撞击敏感度最高，苦味酸次之，TNT 最小。

影响爆炸品敏感度的主要因素如下。

①化学结构。含有容易发生迅速分解的不稳定基团的化合物在外界能量作用下其不稳定基团的化学键很容易破裂而发生爆炸。分子中含有这些基团数量越多敏感度越高。例如丁硝基苯加热可分解但不易发生爆炸；二硝基苯虽有爆炸危险性但不敏感；三硝基苯很容易爆炸。

②温度。外界温度升高爆炸品具有的能量相应增加起爆时，需外界提供的能量就相应减少，故温度升高，爆炸品敏感度增加。

③杂质。坚硬或有尖棱的杂质在冲击时能量集中在尖棱上，产生高能中心促使爆炸。

（3）殉爆。爆炸品爆炸后产生的冲击波和碎片能引起一定距离内其他爆炸品爆炸的现象称为殉爆。首先发生爆炸的爆炸品叫主爆炸品，后发生爆炸的爆炸品叫从爆炸品，主从爆炸品之间的最大距离叫殉爆距离。不能引起另一爆炸品爆炸的两爆炸品之间最小距离叫殉爆安全距离。

（二）气体的定义及其特性

1. 定义

本类气体是指在 50 ℃时蒸气压力大于 300 kPa 的物质或 20 ℃时在 101.3 kPa 标准压力下完全是气态的物质。该类物质包括压缩气体、液化气体、溶解气体、冷冻液化气体。一种或多种气体与一种或多种其他类别物质的蒸气的混合物、充有气体的物品和烟雾剂。

按照气体在运输中的主要危险性可将其分为三项。

第 1 项，易燃气体。包括在 20 ℃和 101.3 kPa 条件下与空气的混合物按体积分数占 13% 或更少时可点燃的气体；或不论燃烧下限如何与空气混合后燃烧范围的体积分数至少为 12% 的气体。

第 2 项，非易燃无毒气体。指在 20 ℃压力不低于 200 kPa 条件下运输或以冷冻液体状态运输的气体。包括窒息性气体，即会稀释或取代通常在空气中的氧气的气体；氧化性气体，即通过提供氧气比空气更能引起或促进其他材料燃烧的气体；或不属于其他项别的气体。

第 3 项，毒性气体。包括已知对人类具有的毒性或腐蚀性强到对健康造成危害的气体；半数致死浓度 LC_{50} 值不大于 5 000 mL/m^3，因而推定对人类具有毒性或腐蚀性的气体。

注：具有两个项别以上危险性的气体和气体混合物，其危险性先后顺序为：第 3 项优先于其他项、第 1 项优先于第 2 项。

2. 特性

气体具有以下危险特性。

（1）受热易爆性。气体通常都是经加压后以压缩或液化状态贮存在钢瓶中。钢瓶受热后其内容物体积膨胀压力增加，当压力超过钢瓶的耐压强度就会发生破裂爆炸。特别是液化气体钢瓶，因其内压较低而液化气体的膨胀系数远远超过其压缩系数，当受热后液化气体体积膨胀先把很小的气相空间占满，继续膨胀就会产生极大压力把钢瓶胀破以至爆炸。液化气钢瓶充满或充装过量，其破裂危险性更大。

（2）与空气混合易燃易爆。易燃气体及有些可燃有毒气体，当钢瓶破裂或阀门、法兰连接处密封不良，泄漏出来能与空气形成爆炸性混合物，遇火源即发生火灾、爆炸事故。比空气重的气体泄漏出来还会沉积于低凹处不易散发，增加了其危险性。温度超过 60℃气瓶的低熔合金塞会熔化，从而造成气体泄漏出来，有发生火灾爆炸的危险。

（3）与其他物质接触易发生燃烧爆炸。有一些气体泄漏出来后与其他物质接触会发生燃烧爆炸，如氢气和氯气混合在光照下即有爆炸危险；氢气与氧气接触遇火源会发生爆炸；高压氧气泄漏出来冲击到油脂等可燃物上会燃烧。

（4）引燃能量小。物质的引燃能量越小越容易被点燃，燃爆危险性越大。可燃气体的引燃能量都很小，一般在 1 mJ 以下。

（5）具有毒害性。很多气体具有毒害性，与人体接触会引起中毒严重时能导致死亡。例如氯气、硫化氢等气体毒性都非常大，吸入高浓度可致人死亡。

（三）易燃液体的定义及特性

1. 定义

易燃液体分为以下两项。

第 1 项，易燃液体。指在其闪点温度（其闭杯试验闪点不高于 60 ℃或其开杯试验闪点不高于 65.6 ℃时放出易燃蒸气的液体或液体混合物；在溶液或悬浮液中含有固体的液体；在温度等于或高于其闪点的条件下提交运输的液体；以液态在高温条件运输或提交运输并在温度等于或低于最高运输温度下放出易燃蒸气的物质。

第 2 项，液态退敏爆炸品。指溶解或悬浮在水中或其他液态物质中形成一种均匀的液体混合物，以抑制其爆炸性质的爆炸性物质。

2. 特性

（1）易燃易爆性。易燃液体闪点都很低，在常温甚至更低的温度下其表面上的蒸气遇明火能发生闪燃。它们的燃点也较低，一般比闪点高 1 ～ 5 ℃。液体闪点越低越容易引起燃烧，危险性也越大。

易燃液体沸点也都较低，在常温下极易挥发，蒸气逸出液面与空气形成爆炸性混合物，遇火源即会发生燃烧爆炸。而且绝大多数易燃液体蒸气都比空气重，一旦泄漏会扩散下沉到地面低凹处积聚不散，容易达到爆炸浓度，从而埋下火灾爆炸隐患。

（2）引爆能量小。易燃液体的蒸气同可燃气体差不多，其引燃能量都很小，大多在 1 mJ 以内，如二硫化碳为 0.015 mJ，甲醇为 0.215 mJ，汽油为 0.1 ～ 0.2 mJ。因此易燃液体也容易被点燃引起火灾爆炸事故。

（3）受热易膨胀。易燃液体受热后体积都会膨胀，若盛装在密闭容器内，由于体积膨胀会使气相空间变小，蒸气压力增加，使得容器内压力上升，造成“鼓桶”甚至爆裂。一旦容器爆裂大量液体泄漏出来到处流淌、气化、扩散，会在很大范围内形成爆炸性混合物。

（4）黏度低易流淌。大多数易燃液体黏度都很低，如果从容器中泄漏出来会到处流淌、蔓延，使其表面积扩大。表面积越大挥发就越多，一旦发生火灾，爆炸波及的范围就会很大。

（5）易产生和积聚静电。大多数易燃液体电阻率都比较高。例如苯为 $1.6\times10^{13}\ \Omega\cdot cm$，汽油为 $2.5\times10^{13}\ \Omega\cdot cm$，甲苯为 $2.7\times10^{13}\ \Omega\cdot cm$，煤油为 $7.3\times10^{13}\ \Omega\cdot cm$。由于这些物质电阻率高，在输送、灌装、混合过滤、喷射、溅泼等过程中很容易产生和积聚静电，在一定条件下发生火花放电，从而引起火灾爆炸事故。

有些易燃液体还具有毒害性，如苯、甲醇、丙烯腈等人体吸入其蒸气或与其有皮肤接触，会造成一定伤害。

（四）易燃固体、自燃的物质、遇水放出易燃气体物质的定义及特性

1. 定义

本类物质分为以下三项。

第 1 项，易燃固体。包括容易燃烧或摩擦可能引燃或助燃的固体；可能发生强烈放热反应的自反应物质；不充分稀释可能发生爆炸的固态退敏爆炸品。上述所说的自反应物质指即使没有氧（空气）存在时也容易发生激烈放热而分解的热不稳定物质。固态退敏爆炸品是指用水或乙醇湿润或用其他物质稀释形成一种均匀的固体混合物，以抑制其爆炸性质的爆炸性物质。

第 2 项，易于自燃的物质。包括发火物质，指即使只有少量物品与空气接触在不到 5 min 内便能燃烧的物质。包括混合物和溶液（液体和固体）；自热物质指发火物质以外的与空气接触不需要能源供应便能自己发热的物质。

第 3 项，遇水放出易燃气体的物质。指与水相互作用易变成自燃物质或能放出危险数量的易燃气体的物质。

2. 特性

（1）易燃固体的特性。易燃固体的燃点都比较低，一般在 400 ℃以下，因此在受热、摩擦、撞击等情况下很容易使温度升高达到自燃点而着火。如萘等固体还容易升华，其蒸气遇火源很容易燃烧。易燃固体的燃烧速度都比较快且火焰猛烈。

（2）金属粉末如镁粉、铝粉等在外界火源作用下能直接与空气中的氧发生反应而燃烧，不产生火焰只发出光，燃烧的温度高达 1 000 ℃以上。金属粉

末燃烧的危险性与粒度有关，粒度越小越容易燃烧，若粉末在空气中飞扬时遇火源会发生爆炸。许多易燃固体燃烧时放出大量有毒气体。

（3）易于自燃物质的特性。自燃物质发生自燃不需要外界火源，而是由于物质本身发生的物理、化学、生化反应放出热量，在适当条件下热量积蓄使温度升高。这些物质自燃点都很低，一般在 200 ℃以下，放出的热量很容易达到自燃点而自行燃烧。如黄磷在常温下遇空气极易发生氧化反应，发热从而发生自燃。温度、湿度增加时，氧化剂（如空气、氧化性酸）及金属粉末等物质存在都能加快氧化反应速度，增加放热而引起自燃。

（4）遇水放出易燃气体物质的特性。这类物质遇水和潮湿空气都能发生剧烈反应，放出易燃气体和大量热量，这些热量成为点火源，引燃易燃气体而发生火灾、爆炸。遇水放出易燃气体的物质与酸反应更为激烈，这类物质中有些有毒，有些具有腐蚀性，大多有还原性。

（五）氧化性物质和有机过氧化物的定义与特性

1. 定义

第 1 项，氧化性物质。指本身不一定可燃，但通常因放出氧或起氧化反应可能引起或促使其他物质燃烧的物质。

第 2 项，有机过氧化物。指分子组成中含有过氧基的有机物质，该物质为热不稳定物质，可能发生放热的自加速分解。该类物质还可能具有以下一种或数种性质：可能发生爆炸性分解；迅速燃烧；对碰撞或摩擦敏感；与其他物质起危险反应；损伤眼睛。

2. 特性

（1）氧化性物质的特性。氧化性物质由于具有强氧化性，因此与易燃物、有机物、还原剂等接触会发生氧化反应，有些反应很激烈，会引起燃烧和爆炸。氧化性物质分解温度都较低，受热易分解放出氧，遇可燃物质引起燃烧。

少数氧化性物质很不稳定，在摩擦、撞击、震动、明火、高热等作用下会引起爆炸。有些氧化性物质尤其是碱性氧化性物质遇酸剧烈反应，有爆炸危险；还有的遇水分解，放出氧和热量，促使可燃物燃烧；高锰酸钾、氯酸钾遇浓硫酸即发生爆炸。

许多氧化性物质具有毒性和腐蚀性，例如三氟化溴、五氟化溴对大多数金属有腐蚀性，遇水和水蒸气猛烈反应生成极强腐蚀性和刺激性的氟化氢烟雾，吸入易中毒。

（2）有机过氧化物的特性。有机过氧化物因分解温度更低，更容易分解放出氧，使可燃物剧烈氧化而引起燃烧爆炸。有机过氧化物受摩擦、撞击、震动、明火、高热等作用也会发生爆炸；遇酸剧烈反应，有爆炸危险，如过氧化二苯甲酰遇浓硫酸即会发生爆炸。多数有机物与还原剂，有机物与硫、磷等混合有成为爆炸性混合物的危险。

有机过氧化物大多具有刺激性和毒性，能灼伤皮肤。

（六）腐蚀性物质的定义与特性

1. 定义

腐蚀性物质是指通过互相作用使生物组织接触时会造成严重损伤，或在渗漏时会严重损害甚至毁坏其他货物或运载工具的物质。

腐蚀性物质包含与完好皮肤组织接触不超过 4 h，在 14 d 的观察期中发现引起皮肤全厚度损毁，或在温度 55 ℃时，对 S235JR+CR 型或类似型号钢或无覆盖层铝的表面均匀年腐蚀率超过 6.25 mm/a 的物质。

2. 特性

腐蚀性物质对人体都有腐蚀作用，与皮肤、眼睛接触或进入肺部、食道等处会引起灼伤。腐蚀性物质引起的化学灼伤主要是引起炎症，严重时会造成死亡。灼伤开始时往往不觉得太痛，待发现时灼伤部位组织已经坏死，较难治愈。

有些腐蚀性物质与水剧烈作用，产生高热，如醋酐、浓硫酸、氯磺酸、三氯化铝、氧氯化硫、氯化亚砜等。

第三节　危险化学品安全标签与特性

一、化学品安全标签

安全标签是预防和控制化学危害性的基本措施之一，主要是对市场上流通的化学品通过加贴标签的形式进行危险性标识，提出安全使用注意事项，向作业人员传递安全信息，以预防和减少化学危害，达到保证安全和健康的目的。

化学品安全标签在欧美等工业国实行多年，目前已国际化。中国于 1994 年批准了 170 号公约为规范化学品安全标签内容的表述和编写，同年即颁布了《化学品安全标签》标准的第一版。经过多年的实际应用及多次修订，现行的

《化学品安全标签》（GB 15258—2009）对标准的适用范围、引用标准以及标签的编写、制作和使用都做了规定。

（一）标准的适用范围

标准规定了化学品安全标签的术语和定义、标签内容、制作和使用要求。

标准适用于化学品安全标签的编写、制作与使用；产品安全标签另有标准规定的，如农药、气瓶等，按其标准执行。

（二）标准采用的定义

1. 标签

用于标示化学品所具有的危险性和安全注意事项的一组文字、象形图和编码组合，它可粘贴、挂栓或喷印在化学品的外包装或容器上。

2. 标签要素

安全标签上用于表示化学品危险性的一类信息，如象形图、信号词等。

3. 信号词

标签上用于表明化学品危险性相对严重程度和提醒接触者注意潜在危险的词语。

4. 图形符号

旨在简明地传达安全信息的图形要素。

5. 象形图

由图形符号及其他图形要素如边框、背景图案和颜色组成，表述特定信息的图形组合。

6. 危险性说明

对危险种类和类别的说明描述，某种化学品的固有危险必要时包括危险程度。

7. 防范说明

用文字或象形图描述的降低或防止与危险化学品接触、确保正确贮存和搬运的有关措施。

8. 物理危险

化学品所具有的爆炸性、燃烧性（易燃或可燃性、自燃性、遇湿易燃性）、自反应性、氧化性、高压气体危险性、金属腐蚀性等危险性。

9. 健康危害

根据已确定的科学方法进行研究，由得到的统计资料证实接触某种化学品对人员健康造成的急性或慢性危害。

10. 环境危害

化学品进入环境后通过环境蓄积、生物累积、生物转化或化学反应等方式对环境产生的危害。

（三）标准内容

1. 标签要素

包括化学品标识、象形图、信号词、危险性说明、防范说明、应急咨询、电话、供应商标识、资料参阅提示语等。

2. 化学品标识

用中文和英文分别标明化学品的化学名称或通用名称。名称要求醒目清晰位于标签的上方。名称应与化学品安全技术说明书中的名称一致。

对混合物应标出对其危险性分类有贡献的主要组分的化学名称或通用名、浓度或浓度范围。当需要标出的组分较多时组分个数以不超过 5 个为宜。对于属于商业机密的成分可以不标明，但应列出其危险性。

3. 象形图

采用《化学品分类和标签规范》系列国家标准 (GB 30000.2—2103 ～ 30000.29—2103) 规定的象形图。

4. 信号词

根据化学品的危险程度和类别用“危险”“警告”两个词分别进行危害程度的警示。信号词位于化学品名称的下方要求醒目、清晰。根据《化学品分类和标签规范》系列国家标准 (GB 30000.2—2103 ～ 30000.29—2103) 选择不同类别危险化学品的信号词。

5. 危险性说明

简要概述化学品的危险特性，居信号词下方。根据 GB 20576 ～ GB 20599 和 GB 20601 ～ GB 20602 选择不同类别危险化学品的危险性说明。

6. 防范说明

表述化学品在处置、搬运、贮存和使用作业中所必须注意的事项和发生意外时简单有效的救护措施等，要求内容简明扼要、重点突出。该部分应包括安全预防措施、意外情况（如泄漏、人员接触或火灾等）的处理、安全贮存措施及废弃处置等内容。

7. 供应商标识

供应商名称、地址、邮编和电话等。

8. 应急咨询电话

填写化学品生产商或生产商委托的 24 h 化学事故应急咨询电话。

国外进口化学品安全标签上应至少有一家中国境内的 24 h 化学事故应急咨询电话。

9. 资料参阅提示语

提示化学品用户应参阅化学品安全技术说明书。

10. 危险信息先后排序

当某种化学品具有两种及两种以上的危险性时安全标签的象形图、信号词、危险性说明的先后顺序规定如下。

（1）象形图先后顺序

物理危险象形图的先后顺序根据 GB 12268 中的主次危险性确定未列入 GB 12268 的化学品按以下危险性类别的危险性排序来确定主危险。爆炸物、易燃气体、易燃气溶胶、氧化性气体、高压气体、自反应物质和混合物、发火物质、有机过氧化物。其他主危险性的确定按照联合国《关于危险货物运输的建议书规章范本》危险性先后顺序确定方法确定。

对于健康危害按照以下先后顺序：如果使用了骷髅和交叉骨图形符号，则不应出现感叹号图形符号；如果使用了腐蚀图形符号，则不应出现感叹号来表示皮肤或眼睛刺激；如果使用了呼吸致敏物的健康危害图形符号，则不应出现感叹号来表示皮肤致敏物或者皮肤 / 眼睛刺激。

（2）信号词先后顺序

存在多种危险性时，如果在安全标签上选用了信号词“危险”，则不应出现信号词“警告”。

（3）危险性说明先后顺序

所有危险性说明都应当出现在安全标签上按物理危险、健康危害环境危害顺序排列。

二、中国 GHS 标志

（一）制度建设

1. 实施 GHS 部际联席会议

为履行我国对联合国实施 GHS 的承诺，做好实施 GHS 的相关工作，加强部门间的协调配合，中国于 2011 年 4 月建立了实施 GHS 的部际联席会议制度。

联席会议的主要职能包括如下内容。

• 研究拟定我国实施 GHS 国家行动方案及有关政策。

• 协调解决实施 GHS 工作中的重大问题。

• 研究提出实施 GHS 需制定和调整法律法规的意见，评估实施 GHS 年度进展情况。

• 审查实施 GHS 工作报告。

• 完成国务院交办的其他事项。

联席会议要求各成员单位按照实施 GHS 要求和职责分工，主动研究实施 GHS 的有关问题，积极参加联席会议，落实联席会议布置的工作任务；加强信息沟通，相互配合、相互支持、形成合力，共同推进 GHS 的实施。

2.GHS 专家咨询委员会

2012 年 5 月，为加强我国实施 GHS 重大问题研究，提高决策的科学性，推进 GHS 在我国的实施，经 GHS 部际联席会议成员单位一致同意，成立了实施 GHS 专家咨询委员会。

该专家咨询委员会成员由部际联席会议成员单位推荐，第一届专家咨询委员会共 22 人，设 1 名主任委员，4 名副主任委员，主要职责是对制定和调整我国实施 GHS 的法律法规标准、化学品分类和标签目录、实施 GHS 国家行动方案及配套政策等重大事项提出咨询意见和建议。同时，专家咨询委员会将在评估 GHS 年度进展情况，开展 GHS 宣传培训、跟踪国际 GHS 发展动态等方面提供技术支持。

（二）GHS 相关行政法规、规章和公告

中国实施 GHS 之初，《危险化学品安全管理条例》（国务院 591 号令）、《道路危险货物运输管理规定》（交通部 2005 年第 9 号令）、《新化学物质环境管理办法》（环保部第 7 号令）、国家质检总局 2012 年第 30 号公告（关于进出口危险化学品及其包装检验监管有关问题的公告）等均对化学品危险性分类、标签、SDS 进行严格的要求，为 GHS 在中国的实施奠定了基础。经过近年来的实施与探索，上述行政法规、规章和公告也经历了不同程度的修订，均已为 GHS 在中国的实施提供了依据，极大地促进了 GHS 在中国的发展，更促进了 GHS 实施的科学性、实用性。

1.《危险化学品安全管理条例》

自 2011 年 12 月 1 日起施行的《危险化学品安全管理条例》（国务院 591 号令）明确了在危险化学品的生产、贮存、使用、经营、运输过程中实施安全监督管理的相关部门的职责，修订后的条例对危险化学品按照 GHS 重新进

行了定义，并在分类、标签和安全技术说明书（SDS）等方面作出了规定，使GHS的实施具有法律依据。现行版的《危险化学品安全管理条例》根据2013年12月7日国务院令第645号修改《国务院关于修改部分行政法规的决定》修订并实施。

现行的《危险化学品安全管理条例》（国务院645号令）第一章第三条对危险化学品进行了如下定义。

“第三条 本条例所称危险化学品，是指具有毒害、腐蚀、爆炸、燃烧、助燃等性质，对人体、设施、环境具有危害的剧毒化学品和其他化学品。危险化学品目录，由国务院安全生产监督管理部门会同国务院工业和信息化、公安、环境保护、卫生、质量监督检验检疫、交通运输、铁路、民用航空、农业主管部门，根据化学品危险特性的鉴别和分类标准确定、公布，并适时调整。”

其中提及的《危险化学品目录》现行为2015版，纳入目录中的化学品已按照GHS进行分类。

关于化学品的安全技术说明书和安全标签，在第十五条明确规定：“第十五条危险化学品生产企业应当提供与其生产的危险化学品相符的化学品安全技术说明书，并在危险化学品包装（包括外包装件）上粘贴或者拴挂与包装内危险化学品相符的化学品安全标签。化学品安全技术说明书和化学品安全标签所载明的内容应当符合国家标准的要求。危险化学品生产企业发现其生产的危险化学品有新的危险特性的，应当立即公告，并及时修订其化学品安全技术说明书和化学品安全标签。”

关于化学品的危险性类别及标签要求在第六章第六十七条中进行了规定：

“第六十七条 危险化学品生产企业、进口企业，应当向国务院安全生产监督管理部门负责危险化学品登记的机构（以下简称危险化学品登记机构）办理危险化学品登记。

危险化学品登记包括下列内容。

（一）分类和标签信息

该处所指的分类和标签信息包括化学品的危险性类别及标签要素（象形图、警示语、危险性说明、防范说明、应急咨询电话等）。

为了进一步明确责任，加强管理，第七章第七十八条列明了相关的法律责任及惩处措施：

“第七十八条 有下列情形之一的，由安全生产监督管理部门责令改正，可以处5万元以下的罚款；拒不改正的，处5万元以上10万元以下的罚款；情节严重的，责令停产停业整顿……

（三）危险化学品生产企业未提供化学品安全技术说明书，或者未在包装（包括外包装件）上粘贴、拴挂化学品安全标签的；

（四）危险化学品生产企业提供的化学品安全技术说明书与其生产的危险化学品不相符，或者在包装(包括外包装件)粘贴、拴挂的化学品安全标签与包装内危险化学品不相符，或者化学品安全技术说明书、化学品安全标签所载明的内容不符合国家标准要求的；

（五）危险化学品生产企业发现其生产的危险化学品有新的危险特性不立即公告，或者不及时修订其化学品安全技术说明书和化学品安全标签的；

（六）危险化学品经营企业经营没有化学品安全技术说明书和化学品安全标签的危险化学品的；

……”

2.《道路危险货物运输管理规定》

《道路危险货物运输管理规定》于2013年1月23日交通部2013年第2号令发布；根据2016年4月11日《交通运输部关于修改〈道路危险货物运输管理规定〉的决定》(交通运输部令2016年第36号）第一次修正；根据2019年11月28日《交通运输部关于修改〈道路危险货物运输管理规定〉的决定》（交通运输部令2019年第42号）第二次修正。

现行的《道路危险货物运输管理规定》(交通运输部令2019年第42号）第二十九条对危险货物托运时安全技术说明书和标签的提供作出了规定：

“第二十九条　危险货物托运人应当严格按照国家有关规定妥善包装并在外包装设置标志，并向承运人说明危险货物的品名、数量、危害、应急措施等情况。需要添加抑制剂或者稳定剂的，托运人应当按照规定添加，并告知承运人相关注意事项。危险货物托运人托运危险化学品的，还应当提交与托运的危险化学品完全一致的安全技术说明书和安全标签。”

《道路危险货物运输管理规定》(交通运输部令2019年第42号）第六十条列明了相关的法律责任及惩处措施：

“第六十条　违反本规定，道路危险货物运输企业或者单位以及托运人有下列情形之一的，由县级以上道路运输管理机构责令改正，并处5万元以上10万元以下的罚款，拒不改正的，责令停产停业整顿；构成犯罪的，依法追究刑事责任

……

（二）托运人不向承运人说明所托运的危险化学品的种类、数量、危险特性以及发生危险情况的应急处置措施，或者未按照国家有关规定对所托运的危险化学品妥善包装并在外包装上设置相应标志的

……”

3.《新化学物质环境管理办法》

对于新化学物质的申报,《新化学物质环境管理办法》（环保部第 7 号令）于 2010 年 10 月 15 日起施行；于 2020 年 2 月 17 日由生态环境部部务会议审议通过并公布《新化学物质环境管理登记办法》（生态环境部令第 12 号），自 2021 年 1 月 1 日起施行，替代了《新化学物质环境管理办法》（环保部第 7 号令）。

《新化学物质环境管理登记办法》（生态环境部令第 12 号）第十九条明确规定了新化学物质申报标识的要求。

“第十九条　国务院生态环境主管部门受理常规登记申请后，应当组织专家委员会和所属的化学物质环境管理技术机构进行技术评审。技术评审应当主要围绕以下内容进行。

（一）新化学物质名称和标识

……”

此外，该规定对于新化学物质标识在信息传递中的作用予以了充分肯定：

“第三十八条　新化学物质的生产者、进口者、加工使用者应当向下游用户传递下列信息：

（一）登记证号或者备案回执号；

（二）新化学物质申请用途；

（三）新化学物质环境和健康危害特性及环境风险控制措施；

（四）新化学物质环境管理要求。

新化学物质的加工使用者可以要求供应商提供前款规定的新化学物质的相关信息。”

关于进出口危险化学品及其包装检验监管有关问题的公告

原国家质检总局于 2012 年 2 月发布了 2012 年第 30 号公告，要求出入境检验检疫机构严格遵守《危险化学品安全管理条例》相关规定，负责对进出口危险化学品及其包装实施检验，对列入国家《危险化学品名录》的进出口危险化学品实施检验监管。

海关总署于2020年12月18日发布了2020年第129号公告（关于进出口危险化学品及其包装检验监管有关问题的公告），要求海关对列入国家《危险化学品目录》（最新版）的进出口危险化学品及其包装实施检验实施检验。该公告规定了进口危险化学品报检时应提供的材料，其中包括“中文危险公示标签(散装产品除外)、中文安全数据单的样本”；出口危险化学品报检时同样需要提供“危险公示标签（散装产品除外）、安全数据单样本，如是外文样本，应提供对应的中文翻译件”。

规定了对进出口危险化学品及其包装实施检验监管时应符合的相关要求，包括：

“（一）我国国家技术规范的强制性要求（进口产品适用）；（二）有关国际公约、国际规则、条约、协议、议定书、备忘录等；（三）输入国家或者地区技术法规、标准（出口产品适用）；(四)国家质检总局指定的技术规范、标准；(五)贸易合同中高于本条(一)至(四)规定的技术要求。”

（二）中国的GHS相关国家标准

在上述相关行政法规、规章和公告的基础上，中国发布了一系列GHS相关的国家标准。有关化学品分类的国家标准主要包括：(1)《化学品分类和危险性公示.通则》(GB 13690—2009)，规定了有关GHS的化学品分类及其危险公示；(2)《化学品分类和危险性象形图标识通则》(GB/T 24774—2009)，规定了化学品的物理危害、健康危害和环境危害分类及各类中使用的危险性象形图标识。

有关化学品标签制作的标准主要包括：(1)《化学品安全标签编写规定》(GB 15258—2009)，规定了化学品安全标签的术语和定义、标签内容、制作和使用要求；(2)《化学品分类和标签规范》系列国家标准(GB 30000.2—2103～30000.29—2103)共计28个部分，该系列国标采纳了联合国《全球化学品统一分类和标签制度》(第四版)GHS中大部分内容，与现行26项化学品分类与标签国标相比，新增了“吸入危害”和“对臭氧层的危害”等规定。

有关化学品SDS编制的标准主要包括：(1)《化学品安全技术说明书编写规定》(GB/T 16483—2008)，采纳了联合国GHS（第四版）对SDS的要求，对SDS的结构、内容和通用形式做了明确规定；(2)《化学品安全技术说明书编写指南》(GB/T 17519—2013)，给出了SDS的编写细则、格式、书写要求等，是GB/T 16483的配套指南文件。

标签样例（GB 15258—2009）

简化标签样例

化学品名称

极易燃液体和蒸气，食入致死，对水生生物毒性非常大

请参阅化学品安全技术说明书（SDS）

供应商：XXXXXXXXXXXXX　　电话：XXXXXXXXXXXX

化学事故应急咨询电话：XXXXXXXXXXXX

安全标签样例

化学品名称　A组分：40%；B组分：60%

极易燃液体和蒸气，食入致死，对水生生物毒性非常大

【预防措施】：

远离热源、火花、明火、热表面。使用不产生火花的工具作业。
保持容器密闭。
采取防止静电措施，容器和接收设备接地、连接。
使用防爆电器、通风、照明及其他设备。
戴防护手套、防护眼镜、防护面罩。
操作后彻底清洗身体接触部位。
作业场所不得进食、饮水或吸烟。
禁止排入环境。

【事故响应】：

如皮肤（或头发）接触：立即脱掉所有被污染的衣服。用水冲洗皮肤、淋浴。
食入：催吐，立即就医。
收集泄漏物。
火灾时，使用干粉、泡沫、二氧化碳灭火。

【安全储存】：

在阴凉、通风良好处储存。
上锁保管。

【废弃处置】：

本品或其容器采用焚烧法处置。

请参阅化学品安全技术说明书

供应商：XXXXXXXXXXXXXXXXXXXX　　电话：XXXXXX

地 址：XXXXXXXXXXXXXXXXXXXXX　　传真：XXXXXX

化学事故应急咨询电话：XXXXXX

第二章　危险化学品安全管理概述

第一节　危险化学品安全管理概况

一、国外政府高度重视危险化学品安全管理

经济发达国家政府对危险化学品安全管理的主要做法是加强危险化学品安全立法和严格执法。以美国为例针对危险化学品安全管理的法律法规有16部，劳工部直辖的联邦安全监察官多达2000多人。政府还积极支持和资助学术团体和行业协会制定了完备的安全卫生标准，使之既有执法的法律依据又有执法的客观标准。

政府对企业的要求主要有如下内容。

（1）危险化学品生产经营企业的设立生产经营的安全卫生设施及管理条件必须符合相关标准，否则不得设立。

（2）危险化学品生产必须到指定部门登记，否则不得生产。

（3）化学品出厂和流通过程中必须附有安全技术说明书，其包装必须贴（挂）安全标签。

（4）化学品生产经营企业必须建立化学品事故应急预案，包括制定现场应急预案和协助地方当局制定厂外应急预案。

（5）企业必须将可能危及员工和公众的危险化学品的危害性和应急措施向员工、社区公众公开。

二、国内危险化学品法规体系

2002年3月15日，国务院总理温家宝在《中国发展高层论坛》上说："中

国把加入 WTO 作为新起点，以更加积极的姿态参与国际经济合作与竞争，按国际准则和我国国情进一步完善法律法规体系，建立有利于公平竞争的统一市场。”

针对危险化学品安全管理的特点，国家先后颁布了《中华人民共和国民用爆炸物品管理条例》《中华人民共和国农药管理条例》《化学品毒性鉴定管理规范》《使用有毒物质作业场所劳动保护条例》《工作场所安全使用化学品的规定》《有毒作业危害分级监察规定》《化学品安全技术说明书编写规定》《化学品安全标签编写规定》《重大危险源辨识》《危险化学品目录》等规章、标准。

2002 年《危险化学品安全管理条例》施行后，先后制定了《危险化学品登记管理办法》《危险化学品经营许可证管理办法》《危险化学品包装物、容器定点生产管理办法》《危险化学品生产贮存建设项目安全审查办法》等部门规章。《安全生产许可证条例》和《国务院关于进一步加强安全生产工作的决定》发布实施后，又制定了《危险化学品生产企业安全生产许可证实施办法》。各省、区、市人民政府也制定了一系列地方性法规和规章。

2011 年 2 月 16 日，国务院第 144 次常务会议修订通过了新的《危险化学品安全管理条例》自 2011 年 12 月 1 日起施行。

2014 年 8 月 31 日，中华人民共和国第十二届全国人民代表大会常务委员会第十次会议通过了《全国人民代表大会常务委员会关于修改 < 中华人民共和国安全生产法 > 的决定》自 2014 年 12 月 1 日起施行。新法明确了危险物品的生产、贮存单位以及矿山单位应当有注册安全工程师从事安全生产管理工作；扩大了监管部门在监督检查中采取查封、扣押措施的对象范围。除原来规定的可以查封、扣押不满足安全生产条件的生产设备设施和器材外，新安全生产法增加规定安监部门和负有安全监管职责的其他部门（即行业主管部门、直线主管部门）可以查封扣押违法生产、贮存、使用、经营、运输的危险物品以及查封其作业场所。

2021 年 6 月 10 日，第十三届全国人民代表大会常务委员会第二十九次会议对《安全生产法》进行了修正。新法主要从以下几个方面进行了修改。①进一步完善安全生产工作的原则要求。②进一步强化和落实生产经营单位的主体责任。③进一步明确地方政府和有关部门的安全生产监督管理职责。④进一步加大对生产经营单位及其负责人安全生产违法行为的处罚力度。

目前危险化学品安全法律法规体系已经初步形成，并逐步完善，危险化学品安全工作基本上可以做到有法可依。这些法律和行政法规对依法加强安全生产管理工作发挥了重要作用，促进了安全生产法制建设。

第二节　危险化学品安全监督管理职责

一、国家、省有关部门危险化学品安全监督管理职责

2011 年修订后的《危险化学品安全管理条例》（国务院令第 591 号）第六条对危险化学品的生产、贮存、使用、经营、运输实施安全监督管理的有关部门职责规定如下。

（1）安全生产监督管理部门负责危险化学品安全监督管理综合工作，组织确定、公布、调整危险化学品目录对新建、改建、扩建的生产、贮存危险化学品（包括使用长输管道输送危险化学品下同）的建设项目进行安全条件审查，核发危险化学品安全生产许可证、危险化学品安全使用许可证和危险化学品经营许可证，并负责危险化学品登记工作。

（2）公安机关负责危险化学品的公共安全管理，核发剧毒化学品购买许可证、剧毒化学品道路运输通行证，并负责危险化学品运输车辆的道路交通安全管理。

（3）质量监督检验检疫部门负责核发危险化学品及其包装物、容器（不包括贮存危险化学品的固定式大型贮罐，下同）生产企业的工业产品生产许可证，并依法对其产品质量实施监督，负责对进出口危险化学品及其包装实施检验。

（4）环境保护主管部门负责废弃危险化学品处置的监督管理，组织危险化学品的环境危害性鉴定和环境风险程度评估，确定实施重点环境管理的危险化学品，负责危险化学品环境管理登记和新化学物质环境管理登记；依照职责分工调查相关危险化学品环境污染事故和生态破坏事件，负责危险化学品事故现场的应急环境监测。

（5）交通运输主管部门负责危险化学品道路运输、水路运输的许可以及运输工具的安全管理，对危险化学品水路运输安全实施监督，负责危险化学品道路运输企业、水路运输企业驾驶人员、船员、装卸管理人员、押运人员、申报人员、集装箱装箱现场检查员的资格认定。铁路主管部门负责危险化学品铁路运输的安全管理，负责危险化学品铁路运输承运人、托运人的资质审批及其运输工具的安全管理。民用航空主管部门负责危险化学品航空运输以及航空运输企业及其运输工具的安全管理。

（6）卫生主管部门负责危险化学品毒性鉴定的管理，负责组织、协调危险化学品事故受伤人员的医疗卫生救援工作。

（7）工商行政管理部门依据有关部门的许可证核发危险化学品生产、贮存、经营、运输企业营业执照，查处危险化学品经营企业违法采购危险化学品的行为。

（8）邮政管理部门负责依法查处寄递危险化学品的行为。

二、各级安全生产监督管理部门危险化学品安全监督管理职责

《危险化学品安全管理条例》(国务院令第591号)第十二条规定：新建、改建、扩建生产、贮存危险化学品的建设项目(以下简称建设项目)，应当由安全生产监督管理部门进行安全条件审查。

第二十二条规定：生产、贮存危险化学品的企业，应当将安全评价报告以及整改方案的落实情况报所在地县级人民政府安全生产监督管理部门备案。

第二十五条规定：对剧毒化学品以及贮存数量构成重大危险源的其他危险化学品，贮存单位应当将其贮存数量、贮存地点以及管理人员的情况，报所在地县级人民政府安全生产监督管理部门(在港区内贮存的，报港口行政管理部门)和公安机关备案。

第三十一条规定：申请危险化学品安全使用许可证的化工企业，应当向所在地设区的市级人民政府安全生产监督管理部门提出申请，并提交其符合本条例第三十条规定条件的证明材料。

第三十五条规定：从事剧毒化学品、易制爆危险化学品经营的企业，应当向所在地设区的市级人民政府安全生产监督管理部门提出申请，从事其他危险化学品经营的企业，应当向所在地县级人民政府安全生产监督管理部门提出申请（有贮存设施的，应当向所在地设区的市级人民政府安全生产监督管理部门提出申请)。

新修订的《中华人民共和国安全生产法》第三十一条第二款规定“矿山、金属冶炼建设项目和用于生产、贮存危险物品的建设项目竣工投入生产或者使用前，应当由建设单位负责组织对安全设施进行验收；验收合格后，方可投入生产和使用。安全生产监督管理部门应当加强对建设单位验收活动和验收结果的监督核查”。国家从行政审批制度改革的要求出发，取消了政府部门承担的安全设施竣工验收的行政许可，由建设单位自行组织对安全设施的验收，并对验收结果负责，体现了企业是安全生产责任主体的法制思维。部分省份的应急管理部门制定印发了《关于危险化学品建设项目安全设施验收有关工作的

通知》(粤安监[2015]62号)，明确危险化学品建设项目安全设施验收由企业自行组织并对验收结果负责，安全监管部门不再组织对建设项目安全设施的验收。

第三节 危险化学品生产经营单位安全管理

一、安全管理结构

生产经营单位应按照《安全生产法》的规定，设置安全生产管理机构和配备专职安全生产管理人员。

安全生产管理机构指的是生产经营单位中专门负责安全生产监督管理的内设机构，其工作人员都是专职安全生产管理人员。安全生产管理机构的职责是落实国家有关安全生产的法律法规，组织安全生产的宣传、教育培训工作，组织生产经营单位内的各种安全检查活动。及时整改各种事故隐患，监督各级安全生产责任制的落实等。它是生产经营单位安全生产的重要组织保证。

安全生产管理机构的设置和专、兼职安全生产管理人员的配备，是根据生产经营单位的危险性、规模大小等因素来确定的，本节主要以上海为例进行分析与描述。《上海市安全生产条例》根据《安全生产法》的规定，结合上海市的实际情况，对机构的设置与专职人员的配备已做出了具体规定。各生产经营单位尤其是高危行业和较大危险行业的生产经营单位，必须严格按照《上海市安全生产条例》所做出的规定执行。高危行业的生产经营单位，从业人员300人以下的，至少配备1名专职安全生产管理人员；从业人员300人以上的，至少配备3名专职安全生产管理人员；从业人员1 000人以上的，至少配备8名专职安全生产管理人员；从业人员5 000人以上的，至少配备15名专职安全生产管理人员。较大危险行业的生产经营单位，从业人员300人以上的，至少配备2名专职安全生产管理人员；从业人员1 000人以上的，至少配备5名专职安全生产管理人员；从业人员5 000人以上的，至少配备10名专职安全生产管理人员。

(1)安全生产管理机构和安全生产管理人员，是生产经营单位负责人的参谋和助手。因此，安全生产管理机构和安全生产管理人员必须认真履行自己的职责。

①贯彻国家安全生产的法律、法规和标准。

②协助制定安全生产规章制度和安全技术操作规程。

③开展安全生产检查，发现事故隐患，督促有关业务部门及时整改。

④开展安全生产宣传、教育培训，总结和推广安全生产经验。

⑤参与新建、改建、扩建的建设项目安全设施的审查，管理和发放劳动防护用品。

⑥协助调查和处理生产安全事故，进行伤亡事故的统计、分析，提出报告。

（2）建立一支精明强干的安全管理人员队伍，是搞好安全工作，实施安全生产保障的关键环节，因为他们既是各项方针政策、法规的具体执行者，又是落实本单位安全生产规章制度的具体组织者。因此，《安全生产法》要求，“安全生产管理人员必须具备与本单位所从事生产经营活动相应的安全生产知识和管理能力”。具体地讲，主要包括以下几个方面。

①熟悉国家有关安全生产的方针、政策、法律、法规以及与本行业、本单位有关的安全卫生规程标准，熟悉现代安全管理的方法。

②掌握相应的安全专业技术知识和管理知识。

③经过培训，熟悉生产工艺流程及工艺存在的危险性，并能根据生产特点进行检查和处理查出的问题。

④能够协助高层管理人员进行决策，也能对安全检查、处理、报告进行记录在案。

⑤满足本行业特殊要求的其他条件。

（3）根据上海市多年来一些生产经营单位的实践经验，成为一名合格的安全生产管理人员，应当具备的基本素质是能管、敢管及善管。

①能管——要有能力胜任安全管理工作。作为生产经营单位的安全生产管理人员，除了应具备相应的学历水平和广泛的知识面外，还应该具有组织管理能力、现场安全管理能力、宣传教育能力。

②敢管——要忠实履行自己神圣的安全职责。安全生产管理人员是单位主要负责人在安全生产方面的助手及参谋。安全生产事关重大，安全管理人员责无旁贷，必须做到敢抓敢管。

③善管——要有一套好的安全生产工作方法，注重实效。安全生产管理人员还要善于调查研究，掌握情况，善于抓住重点工作，落实安全生产各项措施，善于互相沟通信息，使工作取得成效。

二、安全管理制度

（一）安全规章制度

安全生产规章制度是保障从业人员人身安全与健康以及财产安全的最基础规定，是保证安全生产各方面的标准和规范，是国家安全生产法律、法规的延伸。同时，安全生产规章制度是长期实践经验和无数事故教训的总结，是用鲜血和生命换来的，如果违反规章制度，就将导致事故的发生。所以，生产经营单位应根据国家法律、法规，结合单位的实际情况，建立健全各类安全生产管理规章制度。

1. 规章制度的分类

不同生产经营单位所建立的安全生产规章制度也不同，应根据单位特点，制定出具体且操作性强的规章制度。一般生产经营单位都应建立健全以下几类规章制度。

（1）各级人员及部门的安全生产责任制。这是生产经营单位安全管理制度的核心，安全生产责任制一般可以分为生产经营单位主要负责人的安全生产责任制、安全生产管理人员的安全生产责任制和其他从业人员的安全生产责任制。

（2）综合安全管理方面制度。包括安全生产总则、安全生产的组织保证制度、安全技术措施管理、安全教育、安全检查、安全奖惩、“三同时”审批、安全检修管理、事故隐患管理和监控、事故管理、安全用火管理、承包合同安全管理、安全工作“五同时”、安全值班等规章制度。

（3）安全技术管理方面制度。包括特种作业管理、危险作业审批、危险设备管理、危险场所管理、易燃易爆有毒有害物品管理、厂区交通运输管理、防火制度等。

（4）职业卫生管理方面制度。包括职业病危害预防控制与管理、有毒有害物质监测、职业病、职业中毒管理。

（5）其他方面有关管理制度。如女工保护制度、劳动防护用品、保健食品、职工身体检查等。

（6）安全操作规程。操作人员操作机械设备和调整仪器、仪表以及从事其他作业必须遵守的程序，是生产经营单位针对某一具体工艺、工种、岗位所制定的具体规章制度。

2. 规章制度的建立

建立安全生产规章制度，一要符合国家法规和政府规定的要求；二要保证能贯彻执行；三要切合实际；四要有利于发展生产。因此，在制定安全生产制度时应注意如下内容。

（1）深入实际，调查研究。要制定某一对象的安全生产规章制度，就要求单位研究该对象的各种情况，包括设备、工艺、操作、运行、外界条件等具体情况，还要掌握以往该系统或工作发生事故和职业病危害的教训。只有掌握实际情况，才能制定出切实可行的规定。

（2）收集和研究法规、标准。根据所要制定的安全生产规章制度，尽量全面收集现行、有效的国家有关法律、标准，并进行深入研究，考虑如何联系实际结合法规、标准来制定规章制度。

（3）结合经验，制定条款。制定规章制度，除应根据国家法规、标准编制外，还应考虑多年来行之有效的工作经验、工作方法等，在总结提高的基础上，纳入安全生产规章制度中去。

（4）关键条文要经过技术检验和技术鉴定。每一条款都不能含糊，一定要确定清楚是非界限。

（5）坚持先进，摒弃落后。在规章制度中不能保留和迁就落后、不符合安全要求的内容。因此，要密切注意国家法规和技术标准的进展情况，以及生产实际的进步情况。

（6）不断更新和补充完善。安全生产的管理和技术是不断发展的。因此，必须善于学习先进的管理手段和方法，吸取一切有益于安全生产工作的先进经验和教训。同时，不断更新、修补和完善规章制度。

（7）安全操作规程要可靠规范。安全操作规程的制定，其内容要结合作业过程的实际情况，突出重点，文字力求简练、易懂、易记，条目的先后顺序力求与操作顺序一致，并根据设备、设施使用说明书的操作维护要求，结合生产作业及工作环境进行编制。

3. 制订规章制度要突出重点

生产经营单位安全规章制度的制定应突出重点，下面列举了若干方面。

（1）安全生产管理规定。明确安全生产管理的指导思想、管理网络、管理方法。

（2）安全生产奖惩制度。依法管理安全，加大安全管理的力度，体现奖罚分明原则，突出对不安全行为的制约。

（3）安全生产例会制度。定期召开例行会议，通报事故及教训，交流安全生产经验，学习安全生产的法规及上级精神，布置下阶段的安全生产工作。

（4）安全生产事故防范工作会议制度。按照有关规定，召开会议，要针对生产工作的重点、特点、难点，研究制定针对性的对策措施，并布置落实。

（5）安全宣传教育制度。严格各类教育，未经教育的不得上岗。

（6）安全生产检查制度。各级领导要亲自组织并参加，对查出的问题坚决整改，整改不能只满足完成百分比，要舍得投入，注重效果。

（7）重大危险源监控制度。制定预案，落实十项基本制度。

（8）三级动火审批制度。严格审批手续，落实责任，落实监护。未经审批，措施不到位，不能进行明火作业。

（9）新、改、扩建项目“三同时”制度。要执行事先评价规定，坚持安全防火设施、环境保护设施、防尘防毒设施必须与主体工程同时设计，同时施工，同时投入生产使用，不留新的隐患。

（10）外来施工工程安全管理制度。用书面形式明确各自的安全生产管理责任，突出发包单位如何统一协调管理工作。

（11）工伤事故的报告、调查处理制度。明确不得拖延隐瞒事故的报告，不得大事化小，小事化了，私下解决。要保护好现场，积极配合好事故的调查，如实反映事故的真实情况，按照“四不放过”的原则进行处理。

（12）劳防用品和保健食品发放使用管理制度。劳防用品要适应生产的发展，符合国家和行业技术标准。

（13）其他应建立的专业制度和操作规程。根据各单位的具体情况制定。

（二）安全生产教育培训

1. 安全生产教育培训的意义

安全生产教育与培训是生产经营单位管理工作中一项十分重要的内容，是提高全体劳动者安全生产素质的一项重要手段，对生产经营单位的安全生产管理水平的提高具有重要意义。

（1）安全教育是安全生产领域一项重要的基础性工作，是贯彻“安全第一，预防为主”的具体体现，是建设安全长效机制的重要举措，也是安全监督、管理工作的一项重要内容。加强安全教育工作，不仅是适应新形势、迎接新挑战的战略需要，也是建设高素质安全监管队伍、增强生产经营单位从业人员安全意识、不断提高各类人员安全素质的重要保障。

（2）在当前社会主义市场经济下，安全生产教育与培训是采用一种说服、诱导的方式，授人以改造、改善和控制危险之手段，指明通往安全稳定境界的

途径，因而更容易为大多数人所接受。而且通过接受安全教育，人们会逐渐提高其安全素质，使得其在面对新环境、新条件时，能有一定的保证安全的能力和手段，为人民的安全与健康提供可靠的保障。

（3）安全教育培训又是事故预防与控制的重要手段之一。安全教育培训承担着消化已经了解的安全知识文化，传递安全生产经验和安全生活经验的任务。安全教育使得人的安全文化素质不断提高，安全精神需求不断发展。通过安全教育能够形成和改变人对安全的认识观念和对安全活动及事物的态度，使人的行为更符合社会生活中和生产经营活动中的安全规范和要求。

2. 安全生产教育培训的内容与形式

（1）安全生产教育培训的内容

安全教育的内容包括安全态度教育、安全知识教育和安全技能教育。

①安全态度教育。安全态度教育包括两个方面，即思想教育和态度教育。思想教育包括安全意识教育、安全生产方针政策教育和法纪教育。

由于人们实践活动经验的不同和自身素质的差异，对安全的认识程度也不同，安全意识就会出现差异。因此，要通过实践活动来加强对安全问题的认识，并使其逐步深化，形成科学的安全观。

安全生产方针政策教育是指对生产经营单位各级领导和从业人员进行党和政府有关安全生产的方针、政策的宣传教育。只有安全生产的方针、政策被理解和掌握，并得到贯彻执行，安全生产才有保证。在此项教育中要特别重视“安全第一，预防为主”方针的教育，只有充分认识，深刻理解其含义，才能在实践中摆正安全与生产的关系，切实把安全工作提高到关系全局及稳定发展的高度来认识，从而提高安全生产的责任性与自觉性。

法纪教育主要包括安全法律法规、安全规章制度、劳动纪律等方面的教育。通过法纪教育使人们懂得安全法规和安全规章制度是实践经验的总结，它们反映了安全生产的客观规律，使生产经营单位的各级领导和从业人员知法、懂法、守法，以法律和规章制度来约束自己，履行自己的义务，以法律为武器，维护自己的合法权利。

②安全知识教育。安全知识教育包括安全管理知识教育和安全技术知识教育。

安全管理知识教育包括对安全管理组织结构、管理体制、基本安全管理方法及安全心理学、安全人机工程学、系统安全工程等方面的知识教育。

安全技术知识教育主要内容包括一般生产技术知识、一般安全技术知识和专业安全技术知识教育。

一般生产技术知识教育的主要内容包括生产经营单位的基本生产概况、生产技术过程、作业方式和工艺流程，与生产过程和作业方法相适应的各种机器设备的性能和有关知识，从业人员在生产中积累的生产操作技能和经验。

一般安全技术知识是生产经营单位从业人员都必须具备的安全技术知识，主要内容包括危险设备所在区域及其安全防护的基本知识和注意事项、有关电气设备（动力及照明）的基本安全知识、生产中使用的有毒有害原材料的安全防护基本知识，还有一般消防知识、个人防护用品的正确使用及伤亡事故报告方法等。

专业安全技术知识是指从事某一作业的从业人员必须具备的安全技术知识。专业安全技术知识比较专门和深入，其主要内容涉及电气、厂内机动车辆焊接、压力容器、起重机械、危险化学品、工业卫生、防尘和噪声控制等。

通过安全知识教育，使生产经营单位的经营者和职工了解和掌握安全生产规律，熟悉自己业务范围所必需的安全生产管理理论和方法，以及相关的安全技术、劳动卫生知识，提高安全管理水平和整体安全素质。

③安全技能教育。仅有安全技术知识，并不等于能够安全地从事操作，还必须把安全技术知识变成进行安全操作本领，才能取得预期的安全效果。安全技能培训包括正常作业的安全技能培训、异常情况的处理技能培训，主要针对各个不同岗位或工种的从业人员所必需的安全生产方针和手段的训练。其内容涉及安全操作技能培训、危险预知训练、紧急状态事故处理训练等。通过培训，使从业人员掌握必备的安全生产技能与技巧。

（2）安全教育培训的方式

安全教育的方式是多种多样的，各种方式都有各自的特点和作用。在应用中应当结合实际的知识内容和学习对象，适应从业人员对安全知识的内在要求，灵活采用；应研究如何采取动之以情、晓之以理的方式，力求做到切实有效，受到较好的安全教育，从而实现安全生产目标。

安全教育形式大体可分以下几种。

①广告式。包括安全广告、标语、宣传画、标志、展览、黑板报等形式，它以精练的语言、醒目的方式，展现安全生产的优越性或对有关安全的特殊问题提供信息，予以劝告或指导。

②讲授式。包括报告式、电教式、答疑式、演讲式、座谈式、参观式、竞赛式、研讨式等安全课。这种方式具有科学性、思想性、计划性、系统性和逻辑性的特点，用来丰富安全知识，提高对安全生产的重视程度。

③竞赛式。包括口、笔知识竞赛，安全、消防技能竞赛，以及其他各种

安全教育活动评比等。启发学安全、懂安全、会安全的积极性，促进从业人员在竞赛活动中树立安全第一的思想，丰富安全知识，掌握安全技能。

④声像式。它是声像等现代艺术手段，使安全教育寓教于乐，主要有安全宣传广播、电影、电视、录像等。

三、安全技术措施计划

安全技术措施计划是企业计划的重要组成部分，是有计划地改善安全生产条件的重要手段，也是防止工伤事故和职业病的重要措施。

编制安全技术措施计划，对于保证安全生产，提高劳动生产率，提升企业竞争力，都是非常必要的。通过编制和实施安全技术措施计划，可以把改善安全生产条件工作纳入企业的生产建设计划中，有计划有步骤地解决企业中一些重大安全技术问题，使企业安全生产条件的改善逐步走向计划和制度化；也可以更合理地使用资金，使企业在改善安全生产条件方面的投资发挥最大的作用。

安全技术措施所需要的费用、设备器材以及设计、施工力量等纳入了计划，就可以统筹安排、合理使用。制定和实施安全技术措施计划是一项企业管理人员与从业人员相结合的工作，一方面企业各级领导对编制与执行措施计划要负起总的责任；另一方面又要充分发动员工，依靠员工，群策群力，才能使改善安全生产条件的计划得以很好地实现。在计划执行的过程中，既鼓舞了员工的劳动热情，也是一种更好地吸引员工群众参加安全管理、发挥员工监督作用的好办法。

（一）安全技术措施计划编制要点

归纳起来，编制安全技术措施计划的依据有下列五点。

（1）国家公布的安全生产法令、法规和各产业部门公布的有关安全生产的各项政策、指示等。

（2）安全检查过程中发现的隐患。

（3）职工提出的有关安全、职业卫生方面的合理化建议。

（4）针对伤亡事故、职业病发生的主要原因所采取的措施。

（5）采用新技术、新工艺、新设备等应采取的安全措施。

（二）安全技术措施计划的范围

安全技术措施计划的范围包括以改善企业安全生产条件、防止伤亡事故和职业病为目的的一切技术措施，大体可分为安全技术措施、职业卫生技术措施、辅助房屋及设施、宣传教育、安全科学研究与试验设备仪器，以及减轻劳动强度等其他技术措施。

（1）安全技术措施。以防止事故为目的的各种技术措施，如防护、保险、信号等装置或设施。

（2）职业卫生技术措施。以改善作业环境和劳动条件，防止职业中毒和职业病为目的的各种技术措施，如防尘、防毒、防噪声及通风、降温、防寒等。

（3）辅助房屋及设施。确保生产过程中职工安全卫生方面所必需的房屋及一切设施，如淋浴室、更衣室、消毒室、妇女卫生室、休息室等。但集体福利设施，如公共食堂、浴室、托儿所、疗养所等不在其内。

（4）宣传教育。购买和印刷安全教材、书报、录像，电影、仪器，举办安全技术训练班、安全技术展览会、安全教育室所需的费用。

（5）安全科学研究与试验设备仪器。

（6）减轻劳动强度等其他技术措施。

（三）安全技术措施计划编制方法和实施步骤

企业一般应在每年年初开始着手编制下一年度的生产、技术，财务等计划的同时，编制安全技术措施计划。编制时应根据本企业情况，分别向各部门提出具体要求，进行布置。各部门负责人同有关人员定出车间的具体安全计划，由企业安全部门审查汇总，生产计划部门综合平衡，再由企业负责人召集有关部门领导确定项目，明确设计、施工负责人，规定完成期限，经负责人批准正式下达计划。

第三章　危险化学品的安全贮存技术研究

第一节　危险化学品贮存的危险性分析

一、危险化学品贮存过程事故分析

总结多年的经验和案例危险品贮存发生事故的原因主要有如下方面。

（1）着火源控制不严

着火源是指可燃物燃烧的一切热能源包括明火焰、赤热体、火星和火花、物理和化学能等。在危险化学品贮存过程中的着火源主要有两个方面。

一是外来火种。如烟囱飞火、汽车排气管的火星、库房周围的明火作业、吸烟的烟头等。

二是内部设备不良操作不当引起的电火花、撞击火花和太阳能、化学能等。如电器设备不防爆或防爆等级不够装卸作业使铁质工具碰击打火露天存放时太阳的曝晒等。

（2）性质相互抵触的物品混存

出现混存性质抵触的危险化学品往往是由于保管人员缺乏知识或者是有些危险化学品出厂时缺少鉴定；也有的企业因缺少贮存场地而任意临时混存造成性质抵触的危险化学品因包装容器渗漏等原因发生化学反应而起火。

（3）产品变质

有些危险化学品已经长期不用仍废置在仓库中，又不及时处理，往往因变质而引起事故。如，硝酸甘油安全贮存期为 8 个月，逾期后自燃的可能性很大，而且在低温时容易析出结晶，当固液两相共存时灵敏性特别高，微小的外力作用就会使其分解而爆炸。

（4）养护管理不善

仓库建筑条件差不适应所存物品的要求，如不采取隔热措施使物品受热；因保管不善仓库漏雨进水使物品受潮；盛装的容器破漏使物品接触空气等均会引起着火或爆炸。

（5）包装损坏或不符合要求

危险化学品容器包装损坏或者出厂的包装不符合安全要求都会引起事故。

（6）违反操作规程

搬运危险化学品没有轻装轻卸；或者堆垛过高不稳发生倒桩；或在库内改装打包封焊修理等违反安全操作规程造成事故。

（7）建筑物不符合存放要求，造成库内温度过高、通风不良、湿度过大、漏雨、进水、阳光直射，有的缺少保温设施，使物品达不到安全贮存的要求而发生事故。

（8）雷击

危险品仓库一般都设在城镇郊外空旷地带的独立建筑物或露天贮罐或堆垛区，十分容易遭雷击。

（9）着火扑救不当

着火时因不熟悉危险化学品的性能，灭火方法和灭火器材使用不当而使事故扩大，造成更大的损失。

二、化学品混合贮存的危险性分析

有不少危险化学品不仅本身具有易燃烧、易爆炸的危险，往往由于两种或两种以上的化学危险物品混合或互相接触而产生高热、着火、爆炸。出现性质相互抵触的危险化学品混存、混放，往往是由于保管人员缺乏知识或者是有些危险化学品出厂时缺少鉴定没有安全说明书而造成的；也有的是因贮存单位缺少场地而任意临时混放。只有认识危险化学品混合贮存的危险性，才能从根本上杜绝危险化学品混存、混放的现象。

（1）两种或两种以上的危险化学品混合接触的三种危险性

两种或两种以上危险化学品相互混合接触时在一定条件下发生化学反应产生高热反应激烈引起着火或爆炸。这种混合危险有以下三种情况。

①危险化学品经过混合接触在室温条件下立即或经过一个短时间发生急剧化学反应。

②两种或两种以上危险化学品混合接触后形成爆炸性混合物或比原物质敏感性强的混合物。

③两种或两种以上危险化学品在加热、加压或在反应釜内搅拌不匀的情况下发生急剧反应，造成冲料、着火或爆炸。化工厂的反应釜发生爆炸事故往往就是这个原因。

早在20世纪50年代上海市危险化学品仓库中就发生过硫酸与发泡剂NN'（二亚硝基戊次甲基四胺）混合接触引起事故的事例，混合物中一种是危险化学品，另一种是一般可燃物。由于危险化学品的接触渗透，使一般可燃物更易着火燃烧或自燃。如20世纪60年代初装浓硝酸瓶的木箱用稻草做填充材料，如硝酸瓶破裂，硝酸与稻草接触、渗透、氧化、发热引起多次事故（后来已禁止用稻草作填充材料）。1960年天津铁路南站运输氯酸钠，氯酸钠铁桶破损，氯酸钠潮解外溢渗透到木板，由于铁桶摩擦引起混有氯酸钠的木板着火，火势蔓延到南站整个仓库区，损失惨重。1993年深圳危险品仓库发生大火和爆炸，违章混贮是主要原因之一。

（2）混合接触有危险性的三类危险化学品

①把具有强氧化性的物质和具有还原性的物质进行混合。属于氧化性物质，如硝酸盐、氨酸盐、过氯酸盐、高锰酸盐、过氧化物发烟硝酸、浓硫酸、氧、氯、溴等。还原性物质，如烃类、胺类、醇类、有机酸、油脂、硫、磷、碳、金属粉等。以上两类化学品混合后成为爆炸性混合物的，如黑色火药（硝酸钾硫黄）、水炭粉、液氧炸药（液氧、碳粉）、硝铵燃料油炸药（硝酸铵、矿物油）等。混合后能立即引起燃烧，如将甲醇或乙醇浇在铬酐上、将甘油或乙二醇浇在高锰酸钾上、将亚氯酸钠粉末和草酸或硫代硫酸钠的粉末混合或发烟硝酸和苯胺混合以及润滑油接触氧气时均会立即着火燃烧。

②化学性盐类和强酸混合接触，会生成游离的酸和酸酐，呈现极强的氧化性，与有机物接触时能发生爆炸或燃烧，如氯酸盐、亚氯酸盐、过氯酸盐、高锰酸盐与浓硫酸等强酸接触，若存在其他易燃物、有机物，就会发生强烈氧化反应，而引起燃烧或爆炸。

两种或两种以上的危险化学品混合接触后生成不稳定的物质。例如液氯和液氮混合，在一定的条件下会生成极不稳定的三氯化氮，有引起爆炸的危险；二乙烯基乙炔吸收了空气中的氧气，能蓄积极其敏感的过氧化物，稍一摩擦就会爆炸。此外乙醛与氧和乙苯与氧在一定的条件下能分别生成不稳定的过乙酸和过苯甲酸。属于这一类情况的危险化学品也很多。

在生产、贮存和运输危险化学品过程中，由于危险化学品混合接触往往造成意外的爆炸事故，对于危险化学品混合的危险性预先进行充分研究和评价是十分必要的。混合接触能引起危险的化学品组合数量很多，有些可根据其化学性质的知识进行判断，有些可参考以往发生过的混合接触的危险事例，主要的还是要依靠预测评估。典型混合危险物系及危险状态见表 3–1。

表3–1　典型混合危险物系及危险状态

混合危险物系	燃烧状况	火焰高度	发烟状况
卤酸盐一酸——可燃物系统	——	——	——
$NaClO_2$——H_2SO_4 $NaClO_2$–H_2SO_4——砂糖 $NaClO_2$–H_2SO_4——甲苯 $NaClO_2$–H_2SO_4——汽油 $NaClO_2$–H_2SO_4——乙醚（100g）	混合立刻发火燃烧很激烈 与混合同时发火大火焰 与混合同时发火大火焰 与混合同时发火大火焰	0.2 m 0.4 m >3 m >3 m >3 m	白烟 大量白烟 大量黑烟 大量黑烟 白烟
$NaClO_4$–H_2SO_4——甲苯 $NaClO_2$–（98%）H_2SO_4——甲苯 $NaClO_2$–（60%）H_2SO_4——甲苯	混合时发火大火焰 混合时有爆炸声大火焰 混合 5s 后大火大火焰	>3 m >3 m 2.5 m	大量黑烟 大量黑烟 大量黑烟
$NaClO_2$–（36%）HC– 甲苯 $NeClO_2$–（85%）H_3PO_4–甲苯	激烈燃烧 混合 5s 后发火	1 m 1 m	大量黑烟 大量黑烟
$NaClO_4$–H_2SO_4– 甲苯 $NaClO_2$–H_2SO_4– 甲苯 $NaClO_2$–H_2SO_4– 甲苯 $NaClO_2$–H_2SO_4– 甲苯	不发火 混合后一瞬 有反应声发火 混合时发火大火焰 不发火	— 1 m >3 m —	— 大量黑烟 大量黑烟 白烟
$NaClO_3$–H_2SO_4– 甲苯 $KaClO_3$–H_2SO_4– 甲苯 $KBrClO_3$–H_2SO_4– 甲苯 $KClO_3$–H_2SO_4– 甲苯	混合后瞬间有反成声发火 混合后瞬间发火 混合 2s 后有反应声发火 不发火	1 m 1 m 1 m	大量黑烟 大量国烟 黑烟褐色烟
漂白粉 – 乙二醇 漂白粉 –HNO_3 一甲苯	混合 5s 后发烟 28s 后发火 混合时发火	0.5 m 2 m	白烟 大量黑烟
（其他氧化剂一（酸）一可燃物系统）			

续　表

混合危险物系	燃烧状况	火焰高度	发烟状况
CrO_3- 乙醇 $KMnO_4$- 乙二醇 $NaNO_2$-H_2SO_4- 甲苯 $NaNO_2$-H_2SO_4- 甲苯 Na_2O_2-H_2SO_4- 甲苯	混合时发火 1 s 后大火焰 混合 5 s 后发烟，7 s 后发火 不发火 混合 10 s 后只产生气体 无烟燃烧很好	>3 m 1 m — — 1 m	白烟 白烟 — NO_2 气体 —
（硝酸、可燃物系统）			
HNO_3- 乙醇	只发烟	—	红褐色烟
HNO_3- 丙酮	只发烟	—	白烟茶褐色烟
HNO_3- 甲苯	只发烟	—	白烟
HNO_3- 苯胺	产生强音和白烟后发火	0.5 m	大量白烟

三、危险化学品贮存场所布置和操作危险性分析

除了混合贮存的危险性外仓库选址及库区布置不合理、库区存贮量过大以及人员的违章操作等也是必须注意的问题。

（一）危险化学品仓库选址及库区布置

正确地选择危险化学品仓库库址，可以减少在发生事故时与周围居住区、工矿企业和交通线之间的相互影响；合理布置库区以保证危险化学品有个安全的贮存环境，也有利于发生事故时的应急救援。1989 年 8 月 12 日黄岛油库特大火灾事故损失严重，19 人死亡，100 多人受伤，直接经济损失 3 540 万元。在调查事故原因时发现黄岛油库老罐区 5 座油罐建在半山坡上，输油生产区建在近邻的山脚下。这种设计只考虑利用自然高度差输油节省电力，忽视了消防安全要求，影响对油罐的观察巡视。发生爆炸火灾时首先殃及生产区。这不仅给黄岛油库区的自身安全留下长期重大隐患，还对胶州湾的安全构成了永久性的威胁。此外库区间的消防通道路面狭窄，凹凸不平且非环形道路，消防车没有掉头回旋余地，阻碍了集中优势使用消防车抢险灭火的可能性，错过了火灾早期扑救的时机，使事故不断扩大。

（二）危险化学品仓库的存储量

危险化学品仓库中贮存的危险化学品数量应符合规范的要求，否则也会给安全生产带来隐患。在进行建设项目安全预评价中曾发现某项目有机涂料仓库中贮存的有机涂料（火灾危险性为甲类）超过规范允许的存贮量 9 t 之多，且与生产线的间距不够，企业和设计单位听取了建议，修改了设计方案，减少了安全隐患。与国外相比我国与危险化学品存储量相关的标准不够全面，特别是在民用危险化学品方面，如美国、日本在民用危险化学品的存储量上就做了具体规定。

（三）危险化学品仓库作业人员违规操作

在搬运危险化学品时没有轻装、轻卸，由于堆垛过高不稳妥发生倒桩在库内，改装打包、封焊修理易燃液体、气体装卸违反安全操作规程等，均可能发生各类事故。2008 年 4 月 5 日某罐区油渣罐发生爆炸事故造成 16 人死亡、6 人重伤，直接经济损失 45 万余元。经调查事故原因是违章输送渣油，造成油温过高，罐区形成可爆性气体；同时由于违章进行明火作业，电焊火花与罐外溢出的可爆性气体相遇引起爆炸后，由于罐内渣油喷出还酿成火灾。

（四）危险化学品贮存场所安全对策措施

（1）正确选择库址合理布置库区

危险化学品仓库应正确选择库址合理布置库区。贮存危险化学品的化工库、试剂库等专用仓库液化石油气储气站易燃液体贮罐区（含石油库）等场所均为危险品仓库，都必须设置在城市的边沿或者相对独立的安全地带；城市的易燃易爆气体和液体的充装站、供应站、调压站、加油站也必须设置在合理的位置，并符合防火防爆的要求；大型仓库一般分区设置其行政管理区和生活区应设在库区之外，并用不低于 2 m 的围墙将其与库区隔开。危险化学品库房与其他建筑物之间应按具体规定保持一定的防火间距。

（2）危险化学品库房的建筑设施应符合安全规定

危险化学品的安定性差具有很大的火灾危险性，对贮存仓库的温度、湿度等环境条件都有要求，因此贮存危险化学品必须建造专用库房。危险化学品库房的建设必须符合有关防火安全规定，并根据物品的种类性质设置相应的通风、防火、防爆泄压、报警、灭火、防雷、防晒、调温、消除静电防护围堤等安全设施。

（3）严格执行危险化学品贮存的入库验收制度

危险化学品在入库之前必须要经过严格的检查验收。危险化学品经过运输、装卸、搬运后包装及其安全标志容易损坏、散失或受到雨淋、日晒或外部包装上粘附有可燃物等；有的企业生产的危险化学品的安定性能达不到要求等；对于没有包装的散装危险化学品更易发生变化。另外有积热自燃危险的物品如质量不符合规定标准，在贮存期间都有自燃的危险；需要在稳定剂中贮存的危险化学品若在运输和装卸中造成稳定剂的不足亦会造成火灾；贮存压缩和液化气体的钢瓶若超过了检验周期或钢瓶受损等，在贮存过程中也会有事故安全隐患。若不能及时发现并消除，都有可能带入库内，使危险化学品在贮存过程中发生火灾或其他事故。

（4）严格防止危险化学品混存

危险化学品品种繁多，性能复杂，各类危险化学品有不同的安全要求。如果把不同种类的危险化学品混放在一起，很难适应不同的安全要求。有些危险化学品的性质是互相抵触的，如果把性质相抵触的物质存放在一起，是十分危险的。危险化学品不同于一般物质，着火后要根据它们的特性采取不同的灭火措施。爆炸品、易燃和可燃液体、遇水燃烧物品、易燃固体、放射性物品、自燃物品都必须单独存放，不得与任何其他物品混存；易燃气体、助燃气体、氧化剂除了可以与不燃气体共存外，不得与其他物品混存；毒害品除可与不燃气体、助燃气体共存外，不得与其他物品混存。

（5）注意危险化学品贮存的堆垛与苫垫

危险化学品堆垛、苫垫的好坏直接影响到贮存安全。危险化学品堆垛应按不同品种、规格、批次、牌号以及不同货主分开堆码，不可混放、混堆，也不可过高过大。在堆垛时应严格做到安全、牢固、整齐、合理便于清点检查，不超过地坪负荷，不小于规定的墙距、柱距、灯距、顶距、垛距和检查通道宽度。危险化学品的码垛应有下垫，以防止潮气的侵蚀，影响物品的质量和贮存安全。下垫设备应按规定选择，不可随意取用。对露天存放的危险化学品，要根据不同的包装和物品的需要，除一律采取下垫措施外，还应考虑遮盖和密封措施。

（6）加强危险化学品贮存的养护管理

条件的改变、气候变化和冷、热、潮湿等外界环境因素的影响，都会引起危险化学品物理和化学性质上的变化，甚至会引起着火或爆炸事故。危险化学品贮存期间养护管理的重点在于严格控制贮存环境的温度、湿度，养护过程中的日常检查，以便及时掌握危险化学品的变化，掌握影响化学品发生变化的因素，以及早发现隐患或问题及早采取整改措施，切实保证危险化学品的贮存安全。

（7）强化危险化学品仓库的防火管理

危险化学品仓库的消防管理工作应当认真贯彻“预防为主、防消结合”的方针和“专门机关与群众相结合”的原则，应实行逐级防火责任制。严格对各种火源的管理；加强对电气设施的管理；对贮存的货物本身也要进行严格管理；对爆炸品、威胁的危险化学品必须有特殊的管理措施；配置合理的消防设施，并设专人负责保持消防设施完整好用。

为了有效地加强对危险化学品的安全管理，防止事故的发生，应正确选择危险化学品仓库库址合理布置库区；库房建筑设施应符合安全规定；严格贮存管理制度；建立培训机制，使从业人员熟练使用方法等知识，以提高从业人员的消防安全素质；根据库区实际情况设置消防水池和配备足够的消防器材，并保证其完好可用；贯彻执行《危险化学品安全管理条例》等相关的法律法规，及时发现并整改危险化学品在贮存过程中的安全隐患。

第二节　危险化学品贮存原则

1995 年颁布的《常用化学危险品贮存通则》（GB 15603—1995）对危险化学品出、入库贮存及养护提出了严格的要求，是危险化学品安全贮存的法律依据。

一、危险化学品贮存的基本要求

（1）贮存危险化学品必须遵照国家法律法规和其他有关规定。

（2）危险化学品必须贮存在经公安部门批准设置的专门的危险化学品仓库中，经销部门自管仓库贮存危险化学品及贮存数量必须经公安部门批准。未经批准，不得随意设置危险化学品贮存仓库。

（3）危险化学品露天堆放应符合防火、防爆的安全要求，爆炸物、一级易燃物品、遇湿燃烧物品、剧毒物品不得露天堆放。

（4）贮存危险化学品的仓库必须配备有专业知识的技术人员，其库房及场所应设专人管理，管理人员必须配备可靠的个人安全防护用品。

（5）标志。贮存的危险化学品应有明显的标志，应符合 GB 190 的规定。

同一区域贮存两种或两种以上不同级别的危险品时，应有按最高等级危险物品的性能标志。

（6）贮存方式

危险化学品贮存方式分为如下三种。

①隔离贮存。即在同一房间或同一区域内不同的物料之间分开一定距离、非禁忌物料间用通道保持空间的贮存方式。

②隔开贮存。即在同一建筑或同一区域内用隔板或墙将其与禁忌物料分离开的贮存方式。

③分离贮存。即在不同的建筑物或远离所有建筑的外部区域内的贮存方式。

（7）根据危险品性能分区、分类、分库贮存。各类危险品不得与禁忌物料混合贮存。

（8）贮存危险化学品的建筑物，区域内严禁吸烟和使用明火。

二、贮存场所的要求

（1）贮存危险化学品的建筑物不得有地下室或其他地下建筑，其耐火等级层数、占地面积、安全疏散和防火间距应符合国家有关规定。

（2）贮存地点及建筑结构的设置除了应符合国家的有关规定外，还应考虑对周围环境和居民的影响。

（3）贮存场所的电气安装

①危险化学品贮存建筑物、场所消防用电设备应能充分满足消防用电的需要。

②危险化学品贮存区域或建筑物内输配电线路、灯具、火灾事故照明和疏散指示标志都应符合安全要求。

③贮存易燃、易爆危险化学品的建筑必须安装避雷设备。

（4）贮存场所通风或温度调节

①贮存危险化学品的建筑必须安装通风设备，并注意设备的防护措施。

②贮存危险化学品的建筑通排风系统应设有导除静电的接地装置。

③通风管应采用非燃烧材料制作。

④通风管道不宜穿过防火墙等防火分隔物，如必须穿过时，应用非燃烧材料分隔。

⑤贮存危险化学品建筑采暖的热媒温度不应过高，热水采暖不应超过80 ℃，不得使用蒸汽采暖和机械采暖。

⑥采暖管道和设备的保温材料必须采用非燃烧材料。

三、贮存安排及贮存量限制

（1）危险化学品贮存安排取决于危险化学品分类分项、容器类型、贮存方式和消防的要求。

（2）贮存量及贮存安排见表3-2。

表3-2 危险化学品贮存量及要求

	露天贮存	隔离贮存	隔开贮存	分离贮存
平均单位面积贮存量 /umf	1.0 ～ 1.5	0.5	0.7	0.7
单一贮存区最大储量 A	2 000 ～ 2 400	200 ～ 300	200 ～ 300	400 ～ 600
垛距限制 /m	2	0.3 ～ 0.5	0.3 ～ 0.5	0.3 ～ 0.5
通道宽度 /m	4 ～ 6	1 ～ 2	1 ～ 2	
墙距宽度 /m	2	0.3 ～ 0.5	0.3 ～ 0.5	0.3 ～ 0.5
与禁总品距离 /m	10	不得同库贮存	不得同库贮存	7 ～ 10

（3）遇火、遇热、遇潮能引起燃烧、爆炸或发生化学反应产生有毒气体的危险化学品不得在露天或在潮湿、积水的建筑物中贮存。

（4）受日光照射能发生化学反应引起燃烧、爆炸分解、化合或能产生有毒气体的危险化学品，应贮存在一级建筑物中。其包装应采取避光措施。

（5）爆炸物品不准和其他类物品同贮，必须单独隔离、限量。贮存仓库不准建在城镇，还应与周围建筑、交通干道、输电线路保持一定安全距离。

（6）压缩气体和液化气体必须与爆炸物品、氧化剂、易燃物品、自燃物品、腐蚀性物品隔离贮存。易燃气体不得与助燃气体、剧毒气体同贮；氧气不得与油脂混合贮存；盛装液化气体的容器属压力容器的必须有压力表、安全阀、紧急切断装置，并定期检查，不得超装。

（7）易燃液体、遇湿易燃物品、易燃固体不得与氧化剂混合贮存，具有还原性氧化剂应单独存放。

（8）有毒物品应贮存在阴凉、通风、干燥的场所，不要露天存放，不要接近酸类物质。

（9）腐蚀性物品包装必须严密，不允许泄漏，严禁与液化气体和其他物品共存。

四、危险化学品出入库管理

（1）贮存危险化学品的仓库必须建立严格的出入库管理制度。

（2）危险化学品出、入库前均应按合同进行检查验收、登记。验收内容包括①数量；②包装；③危险标志。经核对后方可入库、出库当物品性质未弄清时不得人入库。

（3）进入危险化学品酿区域的人员、机动车辆和作业车辆必须采取防火措施。

（4）装卸、搬运危险化学品时应按有关规定进行，做到轻装、轻卸。严禁摔、碰、撞、击、拖拉倾倒和滚动。

（5）装卸对人身有毒害及腐蚀性的物品时，操作人员应根据危险性穿戴相应的防护用品。

（6）不得用同一车辆运输互为禁忌的物料。

（7）修补、换装、清扫、装卸易燃、易爆物料时应使用不产生火花的铜制、合金制或其他工具。

五、消防措施

（1）根据危险品特性和仓库条件必须配置相应的消防设备设施和灭火药剂。并配备经过培训的兼职和专职消防人员。

（2）贮存危险化学品建筑物内应根据仓库条件安装自动监测和火灾报警系统。

（3）贮存危险化学品的建筑物内，如条件允许应安装灭火喷淋系统（遇水燃烧危险化学品不可用水扑救的火灾除外）。其喷淋强度和供水时间如下：喷淋强度 15 L/（min · m^2）；持续间 90 min。

第三节　危险化学品贮存的消防安全管理

国家标准《建筑设计防火规范》)（GB 50016—2014），由公安部天津消防研究所和公安部四川消防研究所会同有关单位编写，自 2015 年 5 月 1 日起实施。《规范》对仓库建筑物的火灾危险分类、建筑物的耐火等级及疏散要求、建筑物的防火间距等给予严格规定。《规范》对贮存各类危险化学品的仓库也提出了具体的要求。

为了加强仓库消防安全管理保护仓库免受火灾危害，1990 年 4 月国务院授权公安部修改了《仓库防火安全管理规则》。《规则》提出了仓库消防安全管理的原则、责任和措施。

《规范》和《规则》是危险化学品贮存的防火管理的法律文件。《规范》侧重在仓库建筑物的设计、结构和布置上的消防安全要求，《规则》则侧重在日常消防安全管理上的要求。

一、贮存物品的火灾危险性分类

贮存物品的火灾危险性可按表 3–3 分为五类。

表3–3　贮存物品的火灾危险性分类

贮存物品类别	火灾危险性的特征
甲	1. 闪点 <28 ℃的液体的固体物质 2. 爆炸下限 <10% 的气体以及受到水或空气中水蒸气的作能产生爆炸下限 <10% 气化即能导致迅速自燃或爆炸的物质 3. 常温下能自行分解或在空气中氧 4. 常温下受到水或空气中水蒸气的作用能产生可燃气体并引起燃烧或爆炸的物质 5. 遇酸受热、撞击、摩擦以及遇有机物或硫黄等易燃的无机物极易引起燃烧或爆炸的强氧化剂 6. 受撞击、摩擦或氧化剂、有机物接触时能引起燃烧或爆炸的物质

续 表

贮存物品类别	火灾危险性的特征
乙	1. 闪点≥ 28℃至 <60℃的液体 2. 爆炸下限≥ 10% 的气体 3. 不属于甲类的氧化剂 4. 不属于甲类的化学易燃危险固体 5. 助燃气体 6. 常温下与空气接触能缓慢氧化积热引起自燃的物品
丙	1. 闪点≥ 60℃的液体 2. 可燃固体
丁	难燃烧物品
戊	非燃烧物品

注：难燃物品、非燃物品的可燃包装重量超过物品本身重量 1/4 时其火灾危险性应为丙类。

二、库房的耐火等级、层数、占地面积和安全疏散

（1）库房的耐火等级、层数和建筑面积应符合表 3-4 的要求。

表3-4　库房的耐火等级、层数和建筑面积

贮存物品类别		耐火等级	最多允许层数	最大允许建筑面积 /m^2						
				单层库房		多层库房		高层库房		库房地下室半地下室
				每座库房	防火墙间	每座库房	防火墙间	每座库房	防火墙间	防火墙间
甲	3、4 项	一级	1	180	60	—	—	—	—	—
	1、2、5、6 项	一级、二级	1	750	250	—	—	—	—	—
乙	1、3、4 项	一级、二级	3	2 000	500	900	300	—	—	—
		三级	1	500	250	—	—	—	—	—

续 表

贮存物品类别		耐火等级	最多允许层数	最大允许建筑面积 /m²						
				单层库房		多层库房		高层库房		库房地下室半地下室
				每座库房	防火墙间	每座库房	防火墙间	每座库房	防火墙间	防火墙间
乙	2、5、6 项	一级、二级	5	2 800	700	1 500	500	—	—	—
		三级	1	900	300	—	—	—	—	—
丙	1 项	一级、二级	5	4 000	1 000	2 800	700	—	—	150
		三级	1	1 200	400	—	—	—	—	—
	2 项	一级、二级	不限	6 000	1 500	4 800	1 200	4 000	1 000	300
		三级	3	2 100	700	1 200	400	—	—	—
丁		一级、二级	不限	不限	不限	不限	1 500	4 800	1 200	500
		三级	3	3 000	1 000	1 500	500	—	—	—
		四级	1	2 100	700	—	—	—	—	—

（2）一、二级耐火等级的冷库每座库房的最大允许占地面积和防火分隔面积可按《冷库设计规范》有关规定执行。

（3）在同一座库房或同一个防火墙间内如贮存数种火灾危险性不同的物品时，其库房或隔间的最低耐火等级最多允许层数和最大允许占地面积应按其中火灾危险性最大的物品确定。

（4）甲、乙类物品库房不应设在建筑物的地下室、半地下室。50 度以上的白酒库房不宜超过三层。

（5）甲、乙、丙类液体库房应设置防止液体流散的设施。遇水燃烧爆炸的物品库房应设有防止水浸渍损失的设施。

（6）有粉尘爆炸危险的筒仓其顶部盖板应设置必要的泄压面积。粮食筒仓的工作塔上通廊的泄压面积应按《规范》第 3.4.2 条的规定执行。

（7）库房或每个防火隔间（冷库除外）的安全出口数目不宜少于两个。但一座多层库房的占地面积不超过 300 m² 时可设一个疏散楼梯，面积不超过 100 m² 的防火隔间可设置一个门。高层库房应采用封闭楼梯间。

（8）库房（冷库除外）的地下室、半地下室的安全出口数目不应少于两个，但面积不超过 100 m² 时可一个。

（9）除一、二级耐火等级的戊类多层库房外供垂直运输物品的升降机宜设在库房外。当必须设在库房内时应设在耐火极限不低于 2.00 h 的井筒内、井筒壁上的门应采用乙级防火门。

（10）库房简仓的室外金属梯可作为疏散楼梯，但其净宽度不应小于 60 cm，倾斜度不应大于 60。栏杆扶手的高度不应小于 0.8 m。

（11）高度超过 32 m 的高层库房应设有符合《规范》第 3.5.6 条要求的消防电梯。

（12）甲、乙类库房内不应设置办公室、休息室。

（13）设在丙、丁类库房内的办公室、休息室、应采用耐火极限不低于 2.50 h 的不燃烧体隔墙和 1.00 h 的楼板分隔开其出口应直通室外或疏散走道。

三、库房的防火间距

（1）乙、丙、丁、戊类物品库房之间的防火间距不应小于表 3-5 的规定。

表3-5　乙、丙、丁、戊物品库房之间的耐火间距

防火间距 /m		耐火等级		
		一级、二级	三级	四级
耐火等级	一级、二级	10	12	14
	三级	12	14	16
	四级	14	16	18

注：①两座库房相邻较高一面外墙为防火墙且总建筑面积不超过第 3.3.2 段第一座库房的面积规定时其防火间距不限。

②高层库房之间以及高层库房与其他建筑之间的防火间距应按本表增加 3.00 m。

③单层、多层戊类库房之间的防火间距可按本表减少 2.00 m。

（2）乙、丙、丁、戊类物品库房与其他建筑之间的防火间距应按本段第（1）条规定执行；与甲类物品库房之间的防火间距应按本段第（4）条规定执行与甲类厂房之间的防火间距应按本段第（1）条的规定增加 2 m。

乙类物品库房（乙类 6 项物品除外）与重要公共建筑之间防火间距不宜小于 30 m，与其他民用建筑不宜小于 25 m。

（3）屋顶承重构件和非承重外墙均为非燃烧体的库房当耐火极限达不到二级耐火等级要求时，其防火间距应按三级耐火等级建筑确定。

（4）甲类物品库房与其他建筑物的防火间距不应小于表 3-6 的规定。

表3-6 甲类物品库房与建筑物的防火间距

贮存物品类别储量 /t 防火间距 /m 民用建筑、明火或散发火花地点			甲类			
			3、4 项		1、2、5、6 项	
			≤ 5	>5	≤ 10	>10
民用建筑、明火或散发火花地点			30	40	25	30
其他建筑	耐火等级	一、二级	15	20	12	15
		三级	20	25	15	20
		四级	25	30	20	25

（5）库区的围墙与库区内建筑的距离不宜小于 5 m，并应满足围墙两侧建筑物之间的防火距离要求。

四、甲、乙、丙类液体贮罐、堆场的布置和防火间距

（1）甲、乙、丙类液体贮罐宜布置在地势较低的地带，如采取安全防护设施也可布置在地势较高的地带。

桶装、瓶装甲类液体不应露天布置。

（2）甲、乙、丙类液体的贮罐区和乙、丙类液体的桶罐堆场与建筑物的防火间距不应小于表 3-7 的规定。

表3-7　贮罐、堆场与建筑物的防火间距

名称	一个罐区域堆场的总贮量 /m^3	防火间距 /m		
		一、二级	三级	四级
甲、乙类液体	1–50	12	15	20
	51–200	15	20	25
	201–1 000	20	25	30
	1 001–5 000	25	30	40
丙类液体	5–250	12	15	20
	251–1 000	15	20	25
	1 001–5 000	20	25	30
	5 001–25 000	25	30	40

（3）计算一个贮罐区的总贮量 1 m^3 的甲、乙类液体按 5 m^3 丙类液体折算。

（4）甲、乙、丙类液体贮罐之间的防火间距不应小于表 3–8 的规定。

表3-8　甲、乙、丙类液体贮罐之间的防火间距

液体类别			固定顶罐		浮顶贮罐	卧室贮罐
		地上式	半地下式	地下式		
甲、乙类	≤ 1000	0.75D	0.5D	0.4D	0.4D	不小于 0.8 m
	>1000	0.6D				
丙类	不论容量大小	0.4D	不限	不限	—	

（5）甲、乙、丙类液体贮罐成组布置时应符合下列要求。

①甲、乙、丙类液体贮罐的贮量不超过表 3–9 的规定时可成组布置。

表3-9 液体贮罐成组布置的限量

贮罐名称	单罐最大贮量 /m^3	一组最大贮量 /m^3
甲乙类液体	200	1 000
丙类液体	500	3 000

②组内贮罐的布置不应超过两行。甲、乙类液体贮罐之间的间距：立式贮罐不应小于 2 m，丙类液体贮罐之间的间距不限。卧式贮罐不应小于 0.8 m。

（6）甲、乙、丙类液体的地上、半地下贮罐或贮罐组应设置非燃烧材料的防火堤并应符合下列要求。

①防火堤内贮罐的布置不宜超过两行，但单罐容量不超过 1 000 m^3 且闪点超过 120 ℃的液体贮罐可不超过 4 行。

②防火堤内的有效容量不应小于最大罐的容量，但浮顶罐可不小于最大贮罐容量的一半。

③防火堤内侧基脚线至立式贮罐外壁的距离不应小于罐壁高的一半。卧式贮罐至防火堤内基脚线的水平距离不应小于 3 m。

④防火堤的高度宜为 1 ～ 1.6 m，其实际高度应比计算高度高出 0.2 m。

⑤沸溢性液体地上、半地下每个贮罐应设一个防火堤或防火隔堤。

⑥含油污水排水管在出防火堤处应设水封设施雨水排水管应设置阀门等封闭装置。

（7）下列情况之一的贮罐、堆场如有防止液体流散的设施可不设防火堤。

①闪点超过 120 ℃的液体贮罐区。

②桶装的乙、丙类液体堆场。

③甲类液体半露天堆场。

（8）地上、半地下贮罐的每个防火堤分隔范围内宜布置同类火灾危险性的贮罐。沸溢性与非沸溢性液体贮罐或地下贮罐与地上、半地下贮罐不应布置在同一防火堤范围内。

（9）甲、乙、丙类液体贮罐与其泵房、装卸鹤管的防火间距不应小于表 3-10 的规定。

表3-10 液体贮罐与泵房、装卸鹤管的防火间距

贮罐名称		防火间距		
		泵房	铁路装卸鹤管	汽车装卸鹤管
甲乙类液体	拱顶罐	15	20	15
	浮顶罐	15	15	15
丙类液体		10	12	10

（10）甲、乙、丙类液体装卸鹤管与建筑物的防火间距不应小于表 3-11 的规定。

表3-11 液体装卸鹤管与建筑物的防火间距

储贮名称	建筑物的耐火等级		
	一、二级 防火间距 /m	三级 防火间距 /m	四级 防火间距 /m
甲乙类液体装卸鹤管	14	16	18
丙类液体装卸管	10	12	14

五、可燃、助燃气体贮罐的防火间距

（1）湿式可燃气体贮罐或罐区与建筑物、堆场的防火间距不应小于表 3-12 的规定。

表3-12 贮气罐或罐区与建筑物贮罐、堆场的防火间距

防火间距			总容积			
			≤1 000 m	1 001 ～ 10 000 m	10 001 ～ 50 000 m	>50 000 m
明火或散发火花的地点民用建筑甲乙、丙类液体贮罐、易燃材料堆场、甲类物品库房			25	30	35	40
其他建筑	耐火等级	一、二级	12	15	20	25
		三级	15	20	25	30
		四级	20	25	30	35

（2）可燃气体贮罐或罐区之间的防火间距应符合下列要求。

①湿式贮罐之间的防火间距不应小于相邻较大罐的半径。

②干式或卧式贮罐之间的防火间距不应小于相邻较大罐直径的 2/3，球形罐之间的防火间距不应小于相邻较大罐的直径。

（3）液氢贮罐与建筑物、贮罐、堆场的防火间距可按相应贮量的液化石油气贮罐的防火间距减少 25%。

（4）湿式氧气罐或罐区与建筑物、贮罐、堆场的防火间距不应小于表 3-13 的规定。

表3-13　湿式氧气贮罐或罐区与建筑物、贮罐、堆场的防火间距

防火间距			1 000 m	10 001 ～ 50 000 m	>50 000 m
明火或散发火花的地点民用建筑甲、乙、丙类液体贮罐、易燃材料堆场、甲类物品库房			25	35	40
其他建筑	耐火等级	一、二级	10	14	25
		三级	12	16	30
		四级	14	18	35

（5）氧气贮罐之间的防火间距不应小于相邻较大罐的半径。氧气贮罐与可燃气体贮罐之间的防火间距不应小于相邻较大罐的直径。

（6）液氧贮罐与建筑物、贮罐、堆场的防火间距按表 3-13 相应储量的氧气贮罐的防火间距执行。液氧贮罐与其泵房的间距不宜小于 3 m。

设在一、二级耐火等级库房内且容积不超过 3 m^3 的液氧贮罐与所属使用建筑的防火间距不应小于 10 m（1 m^3 液氧折合 800 m^3 标准状态气氧计算）。

（7）液氧贮罐周围 5 m 范围内不应有可燃物和设置沥青路面。

六、液化石油气贮罐的布置和防火间距

（1）液化石油气贮罐区宜布置在本单位或本地区全年最小频率风向的上风侧，并选择通风良好的地点单独设置。贮罐区宜设置高度为 1 m 的非燃烧体实体防护墙。

（2）液化石油气贮罐或罐区与建筑物、堆场的防火间距不应小于表 3-14 的规定。

表3-14　液化石油气贮罐或罐区与建筑物、堆场的防火间距

<table>
<tr><td colspan="4">总容积</td><td>≤10</td><td>11～30</td><td>31～200</td><td>201～1 000</td><td>1 001～2 500</td><td>2 501～5 000</td></tr>
<tr><td colspan="4">单罐容积</td><td></td><td>≤10</td><td>≤50</td><td>≤100</td><td>≤400</td><td>≤1000</td></tr>
<tr><td rowspan="7">防火间距/m</td><td colspan="3">明火或散发火花地点</td><td>35</td><td>40</td><td>50</td><td>60</td><td>70</td><td>80</td></tr>
<tr><td colspan="3">民用建筑甲、乙类液体贮罐甲类物品库房易燃材料堆场</td><td>30</td><td>35</td><td>45</td><td>55</td><td>65</td><td>75</td></tr>
<tr><td colspan="3">丙类液体贮罐可燃气体贮罐</td><td>25</td><td>30</td><td>35</td><td>40</td><td>50</td><td>60</td></tr>
<tr><td colspan="3">助燃气体贮罐可燃材料堆场</td><td>20</td><td>25</td><td>30</td><td>40</td><td>50</td><td>60</td></tr>
<tr><td rowspan="3">其他建筑</td><td rowspan="3">耐火等级</td><td>一、二级</td><td>12</td><td>18</td><td>20</td><td>25</td><td>30</td><td>40</td></tr>
<tr><td>三级</td><td>15</td><td>20</td><td>25</td><td>30</td><td>40</td><td>50</td></tr>
<tr><td>四级</td><td>20</td><td>25</td><td>30</td><td>40</td><td>50</td><td>60</td></tr>
</table>

（3）位于居民区内的液化石油气气化站、混气站，其贮罐与重要公共建筑和其他民用建筑、道路之间的防火间距可按现行的《城市煤气设计规范》的有关规定执行，但与明火或散发火花地点的防火间距不应小于 30 m。

上述贮罐的单罐容积超过 10 m³ 或总容积超过 30 m³ 时与建筑物、贮罐、堆场的防火间距均应按本段第（2）条的规定执行。

（4）总容积不超过 10 m³ 的工业企业内的液化石油气气化站、混气站贮罐，如设置在专用的独立建筑物内时，其外墙相邻厂房及其附属设备之间的防火间距按甲类厂房的防火间距执行。

当上述贮罐设置在露天时与建筑物、贮罐、堆场的防火间距应按本段第（2）条的规定执行。

（5）液化石油气贮罐之间的防火间距不宜小于相邻较大个贮罐的总容积超过 3000m³ 时应分组布置。组内贮罐宜采用单排布置组与组之间的防火间距不宜小于 20 m。

注：总容积不超过 3 000 m^3 且单罐容积不超过 1 000 m^3 的液化石油气贮罐组可采用双排布置。

（6）城市液化石油气供应站的气瓶库其四周宜设置非燃烧体的实体围墙其防火间距应符合下列要求。

①液体石油气气瓶库的总贮量不超过 10 m^3 时与建筑物的防火间距（管理室除外）不应小于 10 m；超过 10 m^3 时不应小于 15 m。

②液化石油气气瓶库与主要道路的间距不应小于 10 m 与次要道路不应小于 5 m 距重要的公共建筑不应小于 25 m。

（7）液化石油气贮罐与所属泵房的距离不应小于 15 m。

第四节　易燃易爆的安全贮存

国家标准《易燃易爆性商品贮藏养护技术条件》（GB 17914—2013）对爆炸品、压缩气体和液化气体、易燃液体、易燃固体、自燃物品、遇湿易燃物品、氧化剂和有机过氧化物等易燃易爆性商品的贮藏条件、养护技术和贮藏期限等提出了技术要求。

一、贮藏条件

贮藏易燃易爆商品的库房库房耐火等级不低于三级应冬暖夏凉、干燥、易于通风、密封和避光。

根据各类商品的不同性质，库房条件、灭火方法等进行严格的分区分类分库存放。

（1）爆炸品宜贮藏于一级轻顶耐火建筑的库房内。

（2）低中闪点液体、一级易燃固体、自燃物品、压缩气体和液化气体类宜贮藏于一级耐火建筑的库房内。

（3）遇湿易燃物品、氧化剂和有机过氧化物可贮藏于一、二级耐火建筑的库房内。

（4）二级易燃固体高闪点液体可贮藏于耐火等级不低于三级的库房内。

二、安全条件

商品避免阳光直射、远离火源热源、电源无产生火花的条件。

以下品种应专库贮藏。

爆炸品：黑色火药类、爆炸性化合物分别专库贮存。

压缩气体和液化气体：易燃气体、不燃气体和有毒气体分别专库贮藏。

易燃液体均可同库贮藏；但甲醇、乙醇、丙酮等应专库贮存。易燃固体可同库贮藏；但发泡剂 H 与酸或酸性物品分别贮藏；硝酸纤维素酯、安全火柴、红磷及硫化磷、铝粉等金属粉类应分别贮藏。

自燃物品：黄磷烃基金属化合物浸动、植物油制品须分别专库贮藏。遇湿易燃物品专库贮藏。

氧化剂和有机过氧化物一、二级无机氧化剂与一、二级有机氧化剂必须分别贮藏，但硝酸铵氯酸盐类、高锰酸盐、亚硝酸盐、过氧化钠、过氧化氢等必须分别专库贮藏。

三、环境卫生条件

库房周围无杂草和易燃物。

库房内经常打扫地面，无漏撒商品，保持地面与货垛清洁卫生。

各类商品适宜贮藏的温湿度见表 3-15。

表3-15　温湿度条件

类别	品名	温度 /℃	相对湿度 /%RH	备注
爆炸品	黑火药、化合物	≤ 32	≤ 80	
	水作稳定剂的	≥ 1	<80	
压缩砌体和	易燃、不燃、有毒	≤ 30		
液化砌体	易燃、不燃、有毒	≤ 30		
易燃液体	低闪点	≤ 29		
	中高闪点	≤ 37		

续 表

类别	品名	温度 /℃	相对湿度 /%RH	备注
易燃固体	易燃固体	≤ 35		
	硝酸纤维素酯	≤ 25	≤ 80	
	安全火柴	≤ 35	≤ 80	
	红磷、硫化磷、铝粉		<80	
自燃物品	黄磷	≤ 35		
	烃基金属化合物	≤ 30	≤ 80	
	含油制品	≤ 32	≤ 80	
遇湿易燃物品	遇湿易燃物品	≤ 32	≤ 75	
氧化剂和有机过氧化物	氧化剂和有机过氧化物	≤ 30	≤ 80	
	过氧化钠、镁、钙等	≤ 30	≤ 75	
	硝酸锌、钙、镁等	≤ 28	≤ 75	袋装
	硝酸铵、亚硝酸钠	≤ 30	≤ 75	袋装
	盐的水溶液	>1		
	结晶硝酸锰	<25		
	过氧化苯甲酰	2 月 25 日		含稳定剂
	过氧化丁酮等有机氧化剂	≤ 25		

四、入库验收

（一）验收原则

入库商品必须符合产品标准并附有生产许可证和产品检验合格证。进口产品还应有中文安全技术说明书或其他说明。

保管方应验收商品的内外标志、容器、包装、衬垫等验后作出验收记录。验收应在库房外安全地点或验收室进行。

每种商品拆箱验收 2 ～ 5 箱（免检商品除外）发现问题扩大验收比例。验后将商品包装复原并做标记。

（二）验收项目

1. 验收内外标志

包括品名、规格等级、数（重）量、生产日期（批号）、生产工厂、危险品标志符合 GB 190 和 GB 191 的规定。

2. 验收包装

各类商品的容器和包装均应符合 GB 12463 的规定，应封闭严密、完整，无损容器和外包装不沾有内装商品和其他物品，无受潮和水湿等现象。各类商品的内外包装及衬垫见表 3-16。

表3-16　各类上皮的内外包装及衬垫

类别	品名	内包装	外包装	衬垫	备注
爆炸品	黑火药	塑料袋、铁皮里	木箱		三层包装
	爆竹、烟花	包好裹严	木箱	松软料	
	化合物	玻璃瓶	木箱	不燃材料	
	三硝基苯酚等	玻璃瓶	塑料套筒	不燃材料	稳定剂
压缩液体和液化气体	压缩气体和液化气体	钢瓶（带帽）	安全胶圈		
易燃液体	易燃液体	金属桶玻璃瓶（气密封）	木箱	松软材料	
易燃固体	易燃固体	衬纸、玻璃瓶	金属桶、木桶、木箱	松软材料	
	赛璐珞板材及制品	纸	木箱		
	安全火柴	盒（柴头无外露）	包、纸板箱		

续 表

类别	品名	内包装	外包装	衬垫	备注
自燃物品	黄磷	瓶、金属桶	木箱	不燃材料	稳定剂
	烃基金属氧化物	瓶	钢筒		
	含油制品		透笼木箱		不紧压
遇湿易燃物品	碱金属及氧化物	瓶、桶	木箱	不燃材料	稳定剂
氧化剂和有机过氧化物	氧化剂	桶、瓶、袋	木箱	松软材料	
	过氧化钠（钾）、高锰酸锌氯酸钾（钠）	瓶、桶	木箱	不燃材料	
	过氧化苯甲酰	瓶、桶	木箱	不燃材料	稳定剂

（3）验收商品质量（感官）

包括固体无潮解无熔（溶）化无变色和风化；液体颜色正常，无封口不严，无挥发和渗漏；气体钢瓶螺旋口严密，无漏气现象。

（4）验收结果处理

凡外标志不全、包装不符合验收项目规定的，不得签收入库或暂存观察室。如包装破漏，需整好后再行入库。

验收完毕合格的做好入库单及验收记录，并转存货方。

五、养护技术

1. 温湿度管理

库房内设温湿度表（重点库可设自记温湿度计）按规定时间观测和记录。

根据商品的不同性质采取密封、通风和库内吸潮相结合的温湿度管理办法，严格控制并保持库房内的温湿度。

2. 在库检查

（1）安全检查

每天对库房内外进行安全检查，检查易燃物是否清理、货垛牢固程度和异常现象等。

（2）质量检查

根据商品性质定期进行以感官为主的在库质量检查，每种商品抽查 1 ～ 2 件，主要检查商品自身变化、商品容器封口、包装和衬垫等在贮藏期间的变化。

爆炸品：一般不宜拆包检查，主要检查外包装。爆炸性化合物可拆箱检查。

压缩气体和液化气体：用称量法检查其重量；检查钢瓶是否漏气，可用气球将瓶嘴扎紧；也可用棉球蘸稀盐酸液（用于氨）、稀氨水（用于氯）涂在瓶口处。如果漏气会立即产生大量烟雾。

易燃液体：主要查封口是否严密、有无挥发或渗漏、有无变色、变质和沉淀现象。

易燃固体：查有无溶（熔）、升华和变色、变质现象。

自燃物品、遇湿易燃物品：查有无挥发、渗漏、吸潮溶化含稳定剂的稳定剂要足量，否则立即添足补满。

氧化剂和有机过氧化物：主要是检查包装封口是否严密、有无吸潮溶化、变色变质；有机过氧化物、含稳定剂的稳定剂要足量封口严密有效。

按重量计的商品应抽检重量，以控制商品保管损耗。

每次质量检查后外包装上均应做出明显的标记，并做好记录。

（3）检查结果问题处理

检查结果逐项记录在商品外包装上，做出标记。

检查中发现的问题及时填写有问题商品通知单，通知存货方。如问题严重或危及安全时，立即汇报和通知存货方采取应急措施。

有效期商品应在有效期前一个月通知存货方。

超过贮藏期限或长期不出库的商品应填写在库商品催调单，转存货方。

六、安全操作

作业人员应穿工作服戴手套、口罩等必要的防护用具，操作中轻搬轻放，防止摩擦和撞击。

各项操作不得使用能产生火花的工具，作业现场应远离热源与火源。

操作易燃液体需穿防静电工作服，禁止穿带钉鞋。大桶不得直接在水泥地面滚动。

出入库汽车要戴好防护罩，排气管不得直接对准库房门。

桶装各种氧化剂不得在水泥地面滚动。

库房内不准分装、改装，开箱、开桶、验收和质量检查等需在库房外进行。

七、应急情况处理

各种物品在燃烧中会产生不同程度的毒性气体和毒害性烟雾。在灭火和抢救时应站在上风头，佩戴防毒面具或自救式呼吸器。

如发现头晕、呕吐、呼吸困难、面色发青等中毒症状，立即离开现场，移到空气新鲜处或做人工呼吸，重者送医院诊治。表 3–17 为易燃易爆性物品灭火方法。

表3–17　易燃易爆性物品灭火方法

类别	品名	灭火方法	备注
爆炸品	黑药	雾状水	
	化合物	雾状水、水	
压缩气体和液化气体	压缩气和液化气体	大量水	冷却钢瓶
易燃液体	中、低、高闪点	泡沫、干粉	
	甲醇、乙醇、丙酮	抗溶泡沫	
易燃固体	易燃固体	水、泡沫	
	发泡剂	水、干粉	禁用酸碱泡沫
	硫化磷	干粉	禁用水
自燃物品	自燃物品	水、泡沫	
	烃基金属化合物	干粉	禁用水
遇湿易燃物品	遇湿易燃物品	干粉	禁用水
	钠、钾	干粉	禁用水、二氧化碳、四氯化碳
氧化剂和有机过氧化物	氧化剂和有机过氧化物	雾状粉	
	过氧化钠、钾镁、钙等	干粉	禁用水

第五节　毒害品与腐蚀性物品的安全贮存

国家标准《毒害性商品贮存养护技术条件》（GB 17916—2013）对毒害性商品的贮存条件、贮存技术、贮存期限等提出了技术要求。

一、贮存条件

（1）库房条件

库房结构完整、干燥、通风良好。机械通风排毒要有必要的安全防护措施。

库房耐火等级不低于二级。

（2）安全条件

仓库应远离居民区和水源。

商品避免阳光直射、曝晒，远离热源、电源、火源。库内在固定方便的地方配备与毒害品性质适应的消防器材、报警装置和急救药箱。

不同种类毒品要分开存放，危险程度和灭火方法不同的要分开存放，性质相抵的禁止同库混存。

剧毒品应专库贮存或存放在彼此间隔的单间内需安装防盗报警器库门装双锁。

（3）环境卫生条件

库区和库房内要经常保持整洁。对散落的毒品、易燃、可燃物品和库区的杂草及时清除。用过的工作服、手套等用品必须放在库外安全地点妥善保管或及时处理。更换贮存毒品品种时要将库房清扫干净。

（4）温湿度条件

库区温度不超过 35 ℃为宜，易挥发的毒品应控制在 32 ℃以下，相对湿度应在 85% 以下，对于易潮解的毒品应控制在 80% 以下。

二、入库验收

（1）验收原则

入库商品必须附有生产许可证和产品检验合格证，进口商品必须附有中文安全技术说明书和质量鉴定书。

商品内在质量应符合产品标准由存货方负责检验。

保管方对商品外观、内外标志、容器包装、衬垫等进行感官检验。

每种商品拆箱验收 2 ～ 5 箱（免检商品除外），发现问题扩大比例，验后将商品包装复原，并做标记。

验收在库外安全地点或验收室进行。

（2）验收项目

①包装。包装应符合 GB 12463 的规定。内外包装应有品名、规格、等级、数（重）量、生产日期或批号、生产厂名、符合 GB 191 规定的储运图示、符合 GB 190 规定的毒性标志。

包装应完整无损无水湿、污染包装材料容器衬垫等应符合 GB 12463 的要求。

②质量。商品性状、颜色等应符合产品标准。

液体商品颜色无变化、无沉淀、无杂质。

固体商品无变色、无结块、无潮解、无溶化现象。

（3）验收结果处理

验收不符合的不得入库暂存观察室，通知存货方另行处理。

验收完毕合格的签收入库，填写验收记录转存货方。

包装破漏时，必须更换包装方可入库。整修包装需在专门场所进行。撒在地上的毒品要清扫干净，集中存放，统一处理。

三、堆垛

商品堆垛要符合安全、方便的原则，便于堆码、检查和消防扑救，苫垫物料要专用。

（1）堆垛方法

商品不得就地堆码，货垛下应有隔潮设施，垛底一般不低于 15 cm。

一般可堆成大垛挥发性液体毒品不宜堆大垛，可堆成行列式。要求货垛牢固、整齐、美观，垛高不超过 3 m。

（2）堆垛间距

主通道大于等于 180 cm；支通道大于等于 80 cm；墙距大于等于 30 cm；柱距大于等于 10 cm；垛距大于等于 10 cm；顶距大于等于 50 cm。

四、养护技术

（1）温湿度管理

库房内设置温湿度表按时观测、记录。

严格控制库内温湿度保持在适宜范围之内。

易挥发液体毒品库要经常通风排毒，若采用机械通风，要有必要的安全防护措施。

（2）在库检查

①安全检查。每天对库区进行检查检查易燃物等是否清理，货垛是否牢固、有无异常。

遇特殊天气及时检查商品有无受损。

定期检查库内设施、消防器材、防护用具是否齐全有效。

②商品质量检查。根据商品性质定期进行质量检查，每种商品抽查 1 ～ 2 件，发现问题扩大检查比例。检查商品包装、封口、衬垫有无破损，商品外观和质量有无变化。

③检查结果问题处理。检查结果逐项记录在商品外包装上做出标记。

对发现的问题做好记录，通知存货方，同时采取措施进行防治。对有问题商品和冷背残次商品应填写催调单，报存货方督促解决。

五、安全操作

（1）装卸人员应具有操作毒品的一般知识，操作时轻拿轻放，不得碰撞、倒置，防止包装破损，商品外溢。

（2）作业人员要佩戴手套和相应的防毒口罩或面具，穿防护服。

（3）作业中不得饮食，不得用手擦嘴、脸、眼睛。每次作业完毕必须及时用肥皂（或专用洗涤剂）洗净面部、手部，用清水漱口，防护用具应及时清洗，集中存放。

六、应急情况处理

表 3-18 为部分毒害品消防方法。

表3-18　部分毒害品消防方法

	品名	灭火剂	禁用灭火剂
无机剧毒品	砷酸、砷酸钠	水	
	砷酸盐、砷及其化合物、亚砷酸、亚砷酸盐	水、砂土	
	亚硒酸盐、亚硒酸肝硒及其化合物	水、砂上	
	硒粉	砂土、干粉	水
	氯化汞	水、砂土	
	氧化物、银熔体、淬火盐	水、砂土	酸碱泡沫
	氢氰酸溶液	二氧化碳、干粉、泡沫	
有机剧毒品	敌死通、氯化苦、氟磷酸异丙酯、1240 乳剂、3911、1440	砂土、水	
	四乙基铅	干砂、泡沫	
	马钱子碱	水	
	硫酸二甲酯	干砂、泡沫、二氧化碳、雾状水	
	1605 乳剂、1059 乳剂	水、砂土	酸碱泡沫
无机有毒品	氟化钠、氟化物、氟硅酸盐、氧化铅、氯化钡、氧化汞、汞及其化合物、碲及其化合物碳酸铍、铍及其化合物	砂土、水	

续　表

	品名	灭火剂	禁用灭火剂
有机有毒品	氰化二氯甲烷、其他含氰的化合物	二氧化碳、雾状水、砂土	
	苯的氯代物（多氯代物）	砂土、泡沫、二氧化碳、雾状水	
	氯酸酯类	泡沫、水、二氧化碳	
	烷烃（烯烃）的溴代物其他醛、醇、酮、酯、苯等的溴化物	泡沫砂土	
	各种有机物的钡盐、对硝基苯氟（溴）甲烷	砂土、泡沫、雾状水	
	砷的有机化合物、草酸、草酸盐类	砂土、水、泡沫、二氧化碳	
	草酸酯类、硫酸酯类、磷酸酯类	泡沫、水、二氧化碳	
	胺的化合物、苯胺的各种化合物、盐酸苯二胺（邻、间、对）	砂土、泡沫、雾状水	
	二氨基甲苯乙萘胺、二硝基二苯胺、苯肼及其化合物、苯酚的有机化合物、硝基的苯酚钠盐、硝基苯酚、苯的氯化物	砂土、泡沫、雾状水、二氧化碳	
	糠醛、硝基萘	泡沫、二氧化碳、雾状水、砂上	
	滴滴涕原粉、毒杀酚原粉、666原粉	泡沫、砂土	
	氯丹、敌百虫、马拉松、烟雾剂、安妥、苯巴比安钠盐、阿米妥尔及其钠盐、赛力散原粉、1-萘甲腈、炭疽芽孢苗、乌来因、粗蒽、依米丁及其盐类苦杏仁酸、戊巴比妥及其钠盐	水、砂土、泡沫	

（1）个人防护参照 GB 11651 和 GB 12475。

（2）中毒急救方法。

①呼吸道中毒。有毒的蒸气、烟雾、粉尘被人吸入呼吸道各部发生中毒现象多为喉痒、咳嗽、流涕、气闷头晕、头疼等。发现上述情况后，中毒者应立即离开现场，到空气新鲜处静卧。对呼吸困难者可使其吸氧或进行人工呼吸。在进行人工呼吸前应解开上衣，但勿使其受凉，人工呼吸至恢复正常呼吸后方可停止，并立即予以治疗。无警觉性毒物的危险性更大，如溴甲烷在操作前应测定空气中的气体浓度，以保证人身安全。

②消化道中毒。经消化道中毒时，中毒者可用手指刺激咽部或注射 1% 阿扑吗啡 0.5 mL 以催吐，或用当归三两、大黄一两、生甘草五钱用水煮服以催泻。如系一零五九、一六零五等油溶性毒品中毒禁用蓖麻油、液状石蜡等油质催泻剂。中毒者呕吐后应卧床休息，注意保持体温，可饮热茶水。

③皮肤中毒或被腐蚀品灼伤。立即用大量清水冲洗，然后用肥皂水洗净，再涂一层氧化锌药膏或硼酸软膏，以保护皮肤，重者应送医院治疗。

④毒物进入眼睛。应立即用大量清水或低浓度医用氯化钠（食盐）水冲洗 10 ～ 15 min，然后去医院治疗。

七、腐蚀性物品安全贮存

国家标准《腐蚀性商品贮存养护技术条件》（GB 17915—1999）对腐蚀性商品的贮藏条件、贮藏技术、贮藏期限等提出了技术要求。

（一）储藏条件

1. 库房条件

库房应是阴凉、干燥、通风、避光的防火建筑。建筑材料最好经过防腐蚀处理。

贮藏发烟硝酸、溴素、高氯酸的库房应是低温、干燥通风的一、二级耐火建筑。

溴氢酸、碘氢酸要避光贮藏。

2. 货棚、露天货场条件

货棚应阴凉、通风、干燥露天货场应地面高、干燥。

3. 安全条件

商品避免阳光直射、曝晒远离热源、电源、火源库房建筑及各种设备符合 GBJ 16 的规定。

按不同类别、性质危险程度、灭火方法等分区分类储藏，性质相抵的禁止同库贮藏。

4. 环境卫生条件

库房地面、门窗、货架应经常打扫保持清洁。

库区内的杂物、易燃物应及时清理排水沟保持畅通。

5. 温湿度条件

温湿度条件应符合表 3-19 规定。

表3-19　温湿度条件

类别	主要品种	适宜温度 /℃	适宜相对湿度 / %RH
	发烟硫酸、亚硫酸	0 ～ 30	≤ 80
酸性腐蚀品	硝酸、盐酸及氢卤酸、氟硅（硼）酸、氯化硫、磷酸等	≤ 30	≤ 80
	磺酰氯、氯化亚砜氧氯化磷、氨磺酸、溴乙酰、三氟化磷等多卤化物	≤ 30	≤ 75
	发烟硝酸	≤ 25	≤ 80
	溴素、溴水	0 ～ 28	
	甲酸、乙酸、乙酸酐等有机酸类	≤ 32	≤ 80
碱性腐蚀品	氢氧化钾（钠）、硫化钾（钠）	≤ 30	≤ 80
其他腐蚀品	甲醛溶液	10 ～ 30	

（二）入库验收

（1）验收原则

入库商品必须附有生产许可证和产品检验合格证，进口商品必须附有中文安全技术说明书。

商品性状、理化常数应符合产品标准由存货方负责检验。

保管方对商品外观、内外标志、容器包装及衬垫进行感官检验。

验收在库外安全地点或验收室进行。

每种商品拆箱验收 2 ～ 5 箱（免检商品除外）发现问题扩大验收比例，验后将商品包装复原并做标记。

（2）验收项目

①包装。包装应符合 GB 12463 的规定。内外包装应有品名、规格、等级、数（重）量、生产日期或批号、生产厂名、符合 GB 191 规定的储运图示、符合 GB 190 规定的腐蚀品标志。

包装封闭严密完好无损无水湿、污染。包装、容器衬垫适当安全、牢固。

②质量（感官）。

商品性状、颜色、黏稠度、透明度均应符合产品标准。

液体商品颜色无异状无挥发无沉淀无杂质。

固体商品无变色无潮解无溶化等现象。

③验收结果处理。

验收不符合规定的不得入库，暂存观察室，通知存货方另行处理。

验收完毕合格的签收入库填写验收记录转存货方。

八、堆垛

商品堆垛要符合”安全、方便”的原则便于堆码、检查和消防扑救。充分利用仓容货垛整齐美观。

（一）堆垛方法

库房、货棚或露天货场贮存的商品货垛下应有隔潮设施，库房一般不低于 15 cm，货场不低于 30 cm。根据商品性质、包装规格采用适当的堆垛方法，要求货垛整齐，堆码牢固，数量准确，禁止倒置。

按出厂先后或批号分别堆码。

（二）堆垛高度

大铁桶液体立码固体平放一般不超过 3 m；大箱（内装坛、桶）1.5 m；化学试剂木箱 2 ～ 3 m；袋装 3 ～ 3.5 m。

（三）堆垛间距

主通道大于等于 180 cm；支通道大于等于 80 cm；墙距大于等于 30 cm；柱距大于等于 10 cm；垛距大于等于 10 cm；顶距大于等于 50 cm。

九、养护技术

（一）温湿度管理

库内设置温湿度计按时观测、记录。

根据库房条件、商品性质采用机械（要有防护措施）、自控、自然等方法通风、去湿、保温。控制与调节库内温湿度在适宜范围之内。

（二）在库检查

（1）安全检查

每天对库房内外进行检查检查易燃物是否清理、货垛是否牢固、有无异常，库内有无过浓刺激性气味。

遇特殊天气及时检查商品有无水湿受损，货场货垛苫垫是否严密。

（2）商品质量检查

根据商品性质定期进行感官质量检查每种商品，抽查件发现问题扩大检查比例。

检查商品包装、封口、衬垫有无破损、渗漏商品外观有无质量变化。

入库检查的商品抽检其重量，以计算保管损耗。

（三）检查结果问题处理

检查结果逐项记录在商品外包装上做出标记。

发现问题积极采取措施进行防治，同时通知存货方及时处理。

对接近有效期商品和冷背残次商品应填写催调单报存货方。

十、安全操作

（1）操作人员必须穿工作服戴护目镜、胶皮手套、胶皮围裙等必要的防护用具。

（2）操作时必须轻搬轻放，严禁背负肩扛，防止摩擦震动和撞击。

（3）不能使用沾染异物和能产生火花的机具，作业现场远离热源和火源。

（4）分装、改装、开箱质量检查等在库房外进行。

十一、应急情况处理

（1）消防方法见表3–20。

表3–20 消防方法

品名	灭火剂	禁用灭火剂
发烟硝酸、硝酸	雾状水、砂土、二氧化碳	高压水
发烟硫酸、硫酸	干砂、二氧化碳	水
盐酸	雾状水砂土、干粉	高压水
磷酸、氢氟酸、氢溴酸、溴素、氢碘酸、氟硅酸、氟硼酸	雾状水、砂土、二氧化碳	高压水
高氯酸、氨磺酸	干砂、二氧化碳	
氯化硫	干砂、二氧化碳、雾状水	高压水
磺酰氯、氯化亚砜	干砂、干粉	水
氯化铬酰、三氯化磷、三溴化磷	干粉、干砂二氧化碳	水
五氯化磷。五溴化磷	干粉、干砂	水
四氯化硅、三氯化铝、四氯化钛、五氯化锑、五氧化磷	干砂二氧化碳	水
甲酸	雾状水、二氧化碳	高压水
溴乙酰	干砂、干粉、泡沫	高压水
苯磺酰氯	千砂、干粉、二氧化碳	水
乙酸乙酸酐	雾状水、砂土、二氧化碳、泡沫	高压水
氯乙酸、三氯乙酸、丙烯酸	雾状水、砂土、泡沫、二氧化碳	高压水
氢氧化钠、氢氧化钾、氢氧化锂	雾状水、砂土	高压水
硫化钠、硫化钾、硫化钡	砂土、二氧化碳	水或酸、碱式灭火机
水合肼	雾状水、泡沫、干粉、二氧化碳	

续　表

品名	灭火剂	禁用灭火剂
氨水	水、砂土	
次氯酸钙	水、砂土、泡沫	
甲醛	水、泡沫、二氧化碳	

（2）消防人员灭火时应在上风口处并佩戴防毒面具，禁止用高压水（对强酸），以防爆溅伤人。

（3）进入口内立即用大量水漱口，服大量冷开水催吐或用氧化镁乳剂洗胃。呼吸道受到刺激或呼吸中毒，立即移至新鲜空气处吸氧。接触眼睛或皮肤，用大量水或小苏打水冲洗后敷氧化锌软膏，然后送医院诊治。

（4）灼伤或中毒急救方法如下。

①强酸。皮肤沾染，用大量水冲洗或用小苏打、肥皂水洗涤，必要时敷软膏；溅入眼睛，用温水冲洗后，再用5%小苏打溶液或硼酸水洗；进入口内，立即用大量水漱口，服大量冷开水催吐或用氧化镁悬浊液洗胃；呼吸中毒，立即移至空气新鲜处，保持体温，必要时吸氧。

②强碱。接触皮肤，用大量水冲洗或用硼酸水、稀乙酸冲洗后涂氧化锌软膏；触及眼睛，用温水冲洗；吸入中毒者（氢氧化氨），移至空气新鲜处；严重者送医院治疗。

③氢氟酸。接触眼睛或皮肤，立即用清水冲洗 20 min 以上，可用稀氨水敷浸后保暖再送医治。

④高氯酸。皮肤沾染，用大量温水及肥皂水冲洗；溅入眼内，用温水或稀硼砂水冲洗。

⑤氯化铬酰。皮肤受伤，用大量水冲洗后用硫代硫酸钠敷伤处，后送医诊治；误入口内，用温水或 2% 硫代硫酸钠洗胃。

⑥氯磺酸。皮肤受伤，用水冲洗后再用小苏打溶液洗涤，并以甘油和氧化镁润湿绷带包扎，送医诊治。

⑦溴（溴素）。皮肤灼伤，以苯洗涤再涂抹油膏；呼吸器官受伤，可嗅氨。

⑧甲醛溶液。接触皮肤，先用大量水冲洗，再用酒精洗后涂甘油；呼吸中毒，可移到新鲜空气处，用2%碳酸氢钠溶液雾化吸入，以解除呼吸道刺激，然后送医院治疗。

第四章　危险化学品安全生产技术研究

第一节　危险化学品生产过程安全技术

一、危险化学品生产工艺设计及区域规划

（一）工艺装置设计的基本安全要求

在危险化学品生产经营单位中，各工艺过程和生产装置由于受内部和外部各种因素的影响，可能产生一系列的不稳定和不安全因素，从而导致生产停顿和装置失效甚至发生毁灭性的事故。为保证安全生产在工艺装置的设计中必须把生产和安全有机地结合起来加以全面妥善地处理，要符合以下基本要求。

（1）从保障整个生产系统的安全出发，全面分析原料成品、加工过程、设备装置等各种危险因素，以确保安全的工艺路线选用可靠的设备装置，并设置有效的安全装置和设施。

（2）能有效地控制和防止火灾爆炸的发生。在防火设计方面应分析研究生产中存在的可燃物、助燃物和点火源的情况和可能形成的火灾危险采取相应的防火和灭火措施。在防火设计方面应分析研究可能形成爆炸性混合物的条件、起爆因素及爆炸传播的条件，并采取相应的措施以控制和消除形成爆炸性的条件以及防止爆炸波的冲击。

（3）有效地控制化学反应中的超温、超压和爆聚等不正常情况，在设计中应预先分析反应过程中的各种动态特性，并采取相应的控制措施。

（4）对使用物料的毒害性进行全面的分析并采取有效的密闭、隔离、遥控以及通风排毒等措施，以预防工业中毒和职业病的发生。

（5）对于有潜在的危险，可能使大量设备和装置遭受毁坏或有可能泄放出大量有毒物料而造成多人中毒死亡的工艺过程和生产装置，必须采取可靠的安全防护系统，以消除和防止这些特殊危险因素。

工艺过程和装置设备的安全是构成化工生产过程中安全的重要部分。工艺过程安全是指在化工单元过程中所进行的氧化、还原、硝化、裂化、聚合等过程以及化工单元蒸馏、冷凝、干燥、粉碎等操作过程的安全。生产装置的安全是指构成装置的各种机器的设备，即塔、罐、槽、泵等的耐腐蚀、耐疲劳性等有关材质和强度等方面的安全。

在设计阶段首先对工艺过程危险性、设备的危险性及人的危险因素进行全面的分析，在此基础上分别对装置的总的危险性、各个机器设备输送过程和维修中的危险性采取综合的技术预防设施和手段。在进行有关安全方面的设计时可按下列步骤考虑。

①保障工艺过程的安全。主要是为了防止火灾爆炸事故对工艺参数尤其是温度、压力流量、组分进行控制以及设置隔断火源及安全检测与控制系统。

②考虑在发生异常情况时设置防止事故及机器设备破坏的装置，如安全泄压装置和抑制爆炸装置等。

③考虑当不能有效阻止事故发生的情况下设置防止事故扩大的局限设施，如防火墙、防爆墙、防护堤等。

④考虑当发生次生灾害或次生灾害引起二次或三次灾害时，设置如安全距离、疏散出口及人身保护等设施。

（二）厂址选择与总平面布置

1. 厂址选择

正确选择厂址是保障危险化学品生产经营单位安全的重要前提。危险化学品生产经营单位的建设应根据城市规划和工业区规划的要求，按经批准的设计计划任务书指定的地理位置选择厂址。选择厂址应综合分析与权衡厂址的地形条件以及有关的自然和经济资料进行多方案的技术经济、安全可行性的比较合理选择做到安全可靠。选择厂址的基本安全要求如下。

（1）有良好的工程地质条件。厂址不应该设置在有滑坡、断层、泥石流、严重流沙、淤泥溶洞、地下水位过高以及地基承载力低于 1 kg/cm^2 的地表上。

（2）在沿江河海岸布置时应位于临江河、城镇和重要桥梁港区船厂水源地等重要建筑物的下游。

（3）避开爆破危险区、采矿崩落区及有洪水威胁的地域。在位于坝址下游方向时不应设在当水坝发生意外事故时有受水冲毁危险的地段。

（4）有良好的卫生气象条件避开窝风积雪的地段和饮用水源区，并考虑季节风向、台风、强度、雷击及地震的影响和危害。

（5）与邻近企业的关系要趋利避害，既要利用已有的设施进行最大限度的协作，又要避开可能招致的危害。厂址布置应在火源的下风侧毒性和可燃物质的上风侧。

（6）便于合理配置供水、排水、供电、运输系统及其他共用设施。

2. 总平面布置的基本原则

在厂址确定之后必须在已确定用地范围内有计划、合理地进行建筑物、构筑物及其他工程设施的平面布置交通运输线路的布置管线，综合布置绿化布置以及环境保护措施布置等。为保障安全，在总平面布置中应遵循以下基本原则。

（1）从全面出发合理布局，正确处理生产与安全、局部与整体重点和一般、近期与远期的关系，把生产、安全、卫生、适用、技术先进、经济合理和尽可能的美观等因素做出统筹安排。

（2）总平面布置应符合防火、防爆的基本要求体现“防火为主防消结合”的方针，并有疏散和灭火的设施。

（3）应满足安全防火、卫生等设计规范规定和标准的要求合理布置、间距朝向及方位。

（4）合理布置交通运输和管网线路及进行绿地环境保护。

（5）合理考虑发展和改建、扩建的要求。

3. 总平面布置的要求

危险化学品生产经营单位总平面布置根据以上基本原则从安全的观点出发，要求对总平面按照使用功能要求进行分区布置。危险化学品生产经营单位总平面布置应根据工厂各组成部分的性质使用功能、交通运输联系、防火和卫生要求等因素，将性质相同功能相近、联系密切对环境要求一致的建筑物、构建物及设施分成若干组，并结合用地的具体条件进行功能分区。危险化学品生产经营单位的功能分区通常可分为五部分。

（1）生产车间及工艺装置区。包括各种工艺装置、设备、建筑物、构筑物、输送管线、中间贮槽及其泵房。

（2）原料和成品贮存区。包括贮槽、贮罐、液体装卸设备、原料和成品气柜及库房等。

（3）辅助设施区。包括检修、锻压及热处理车间、化验室 10 kW 以上的

变电和配电装置等。

（4）工厂管理区。包括办公楼、汽车库、食堂和浴室等。

（5）生活区。包括宿舍、托儿所、医院等。

4. 主要生产工艺装置的布置要求

危险化学品生产经营单位的生产工艺装置区及贮存区是主要的潜在危险区，必须慎重考虑合理布置，以保证安全。对主要装置、建筑物、构筑物和贮罐的要求如下。

（1）散发可燃气体和可燃蒸汽的生产工艺装置，易燃和可燃液体、液化石油气的储罐区及装卸区以及散发可燃气体的全厂性污水处理设施等，都应布置在人员集中区域及明火或散发火花地点的侧风向或下风向，并在飞火烟囱的侧风向。

（2）经常使用铁路和汽车运输物品的工艺生产装置、贮罐区仓库堆场及装卸站台应布置在厂区边缘。

（3）生产工艺装置呈阶梯式布置时台阶间应有防止易燃、可燃液体流散的截流措施。易燃、可燃液体与液化石油气的贮罐区不应布置在排洪沟上游或高于相邻工艺生产装置及人员集中场所的地段。如果在特殊情况下必须布置在上游或较高的地段时，应采取防止易燃、可燃液体流散的有效措施。

（4）空气分离装置应布置在空气清洁的地段，位于乙炔生产装置和散发碳氢化合物等有害气体及粉尘装置的侧风向或上风向。

（5）自备电站、全厂性锅炉房（均无飞火）和总配电所应位于散发可燃气体和可燃蒸汽的生产装置、易燃和可燃液体及液化石油气的贮罐区、装卸区的侧风向或上风向。总变电所、配电所的室内地坪应高出散发可燃气体和可燃蒸汽（相对密度大于 0.7）相邻生产装置室外地坪不小于 0.6 m；35 kW 以上的总变配电所应布置在厂区边缘。

（6）桶装电石仓库布置在散发大量水雾设施附近时，应位于侧风向或上风向；当布置在冷却塔的上风向时与其间距应不小于 50 m；布置在下风向时其间距不应小于 100 m。

（7）全厂性高架火炬应布置在生产工艺装置、易燃和可燃液体与液化石油气的贮罐区及装卸区全厂性重要辅助生产设施及人员集中场所的侧风向。

5. 建筑物的组合安排

建筑物的组合安排涉及建筑体型、朝向、间距、布置方式所在地段的地形、道路、管线的协调等。建筑物的建筑层次应根据土壤承载能力来确定有地下室设施的建筑物、构筑物应布置在地下水位较低的地方。

对于会散发毒害物质的生产工艺装置及其有关建筑物应布置在厂区的下风向。为了防止厂区内有害气体的弥漫和影响并能迅速予以排除，应使厂区的纵轴与主导风向平行或不大于45°交角。对危险化学品生产经营单位中需加速气流扩散的部分建筑物应将长轴与主导风向垂直或不小于45°交角。这样可以有效地利用人为的穿堂风，以加速气流的扩散。

建筑物的方位应保证室内有良好自然采光和自然通风，但应防止过度的日晒。最适宜的朝向根据不同纬度的方位来确定。为了有利于自然采光，各建筑物之间的间距应不小于相对两建筑中最高屋檐的高度。

根据化工各类不同生产性质和可能在厂区内主要干道两侧有计划地种植行道树和灌木绿化丛，不但有美化环境的作用也有利于减弱生产中散发的有害气体和压抑粉尘，有助于净化空气而改善厂区气候环境。盛夏季节可以大量减少太阳的辐射热，寒冬季节时可以起到防风保暖作用。

厂区总平面图布置必须结合地方、地质情况以及选用竖向布置来进行设计。如利用平坦的地面排除雨水时场地主要面的坡度不宜小于0.5%，以利排水。

6. 合理组织交通路线

为了避免各种车辆进出厂区过于频繁并由此产生的振动噪声和排出的有害气体影响生产及过往行人和生活的安静，主要生产车间应按工艺流程合理安排以使生产线衔接通顺而短捷，尽量减少不合理的交叉和往返行输。原料和成品仓库要就近交通线并在保持一定安全距离的条件下，尽可能靠近生产车间如有可能应用管道输送。辅助车间也应尽可能地接近生产车间。厂区主要的交通网布置应结合生产使厂内外运输经常保持畅通合理分散人流和货流。

厂道路出入口至少应设两处且应设于不同的方位。要使主要人流和货流分开主要人行道和货运道路应尽可能避免交叉。在不可避免时尽可能设置栈桥和隧道使其在不同空间行驶以防交通事故的发生。在厂内道路交叉处应有足够的会车视距，即在车辆的弯道口处驾驶员能够清楚地预先看清另一侧的情况。在此视距范围内不应设置临时建筑堆物等有碍交通的遮挡物。厂内道路口视距一般不少于70 m。

厂内道路应尽量做环形布置对火灾危险性大的工艺生产装置、贮罐区、仓储区及桶装易燃、可燃流体堆场在其四周应设道路。当受地形条件限制时可采用尽头式道路并在尽头设置回车道或回车场地。消防专用道路不应兼作贮罐区的防护堤并应考虑错车要求。在公路型单车道路面边1 m宽的路基内不应布置地面消防栓及地面任何管道。

在厂内运输易燃、可燃液体和液化石油气以及其他危险化学物质的铁路装卸线应为平直段当条件受限制时可设在半径不小于 500 m 的曲线上，但其纵坡应为零。如该装卸线设计为尽头时，延伸终端距装卸站台应不小于 20 m。

二、典型工艺过程安全技术

（一）加热过程

在化工生产过程中许多生产过程都包括加热过程，例如加温、蒸馏、精馏、干燥、蒸煮、蒸发以及其他操作过程等都要加热。因此了解载体的性质对加热过程的安全有十分重要的意义。

热源可分为直接热源和间接热源两种。直接热源包括烟道气及电感应加热。间接热源是各种中间的热载体中间热载体从热源取得热能并将热能传给被加热的物体。中间载热体有水蒸气或热水、矿物油特种载热体（如过热水）、高沸点液体、熔融的无机盐及混合物、某些碳氢化合物及液态金属等。此外还可以利用温度较高的废气及废液加热。

选择载热体时应考虑以下条件。

（1）加热升温及温度调节的可能性。

（2）载热体的蒸气压及其热稳定性。

（3）载热体的毒性及化学活性。

（4）加热过程的安全性。

（5）载热体的成本及是否易于取得。

1. 水蒸气加热

水蒸气是最常用的载热体，它广泛用于化学工业中。水蒸气加热法主要用于压力不高（6 ~ 10 kPa——101.3 kPa）的场合，以饱和蒸汽来加热。加热的温度随蒸汽压力而变，用蒸汽加热可能达到的温度不是很高（150 ~ 170 ℃）。

用水蒸气进行加热的优点如下。

（1）给热系数高单位量的蒸汽在冷凝时所放出的热量较大。

（2）可以用导管输送且输送的距离较远。

（3）加热均匀因为蒸汽在恒定的温度下冷凝。

（4）加热温度高容易调节，可用调节蒸汽压力的方法来达到目的。

（5）水蒸气加热可用直接蒸汽和间接蒸汽。如用直接蒸汽加热液态物质时蒸汽可直接通入被加热的液体中与被加热的液体混合在一起，在这种情况下蒸汽一般由鼓泡器（有许多小孔的管子）通入并可达到搅拌液体的目的。间接蒸汽加热时蒸汽不与被加热的液体相接触，而是用间壁将蒸汽和被加热的液体隔开热量经过间壁传递，采用夹套或蛇管进行。

2. 热水加热

要使温度达到 130 ～ 150 ℃，可用热水。热水是在特殊的锅中加热取得的。用泵将热水打入热交换器，在那里热水放出热而冷却，但是热水加热不如蒸汽加热。

3. 过热水加热

要得到 300 ～ 350 ℃温度，可用过热水。水在近乎临界压力下加热即得过热水（225 atm 时 T=314 ℃）。过热水加热是利用循环系统进行的，水在炉灶及加热器之间的密闭空间中不断循环，水在炉灶中被加热而在加热器中放出热量，为了避免管子的堵塞和腐蚀，循环系统只能采用蒸馏水。

4. 碳氢化合物加热

要加热高于 150 ～ 170 ℃的温度（即不能应用一般压力下的蒸汽时），采用烟导气进行加热。目前矿物油及联苯醚被广泛作为载热体应用。

用矿物油加热可达 250 ℃，采用矿物油加热可以避免产品的突然过热而达到均匀加热的目的。矿物油有以下优点。

（1）容易干燥以除去水分。

（2）在过温时黏度不大容易流动。

（3）价格低廉容易得到。

（4）无毒。

（5）设备简单。

矿物油的缺点是给热系数小。用油加热有着火的危险，特别是在设备中有燃烧或爆炸危险时。所以用油加热时燃烧室及操作室必须完全隔离。

5. 熔盐加热

如果加热温度超过 380 ℃，这时可采用熔盐加热法。常用的熔盐为 7% 硝酸钠、40% 亚硝酸钠和 53% 硝酸钾组成的低熔混合物其熔点为 142 ℃，最高加热温度可达到 530 ～ 540 ℃。

6. 电流加热

当用电弧、电阻及电解质来加热时电能可以用做热源而达到加热的目的。

在电弧炉中用电弧来加热可以达到 1 500 ～ 2 000 ℃或更高的温度。电炉分为开式电炉和闭式电弧炉两种。在开式电弧炉中，电弧焰在被加热物料上的两根电极间形成热量靠辐射传给物料。在闭式电弧炉中，电弧焰在电极及被加

热物料之间形成。电弧炉不能均匀加热，故温度不能正确调节。

电弧炉可用来熔融金属这种加热方法可以使温度达到 1 000 ～ 1 100 ℃，加热均匀，可以准确调整温度（改变电压或者用增加或减少部分电阻的方法）。适用于操作温度 400 ～ 1 000 ℃时的电炉。衬墙是由 60 ～ 120 mm 厚的耐火层及热绝缘层所组成的，在 400 ℃以下操作的电炉则不需要耐火层。

7. 高频率电流加热法

这种加热方法是当交流的电场作用于介电质（非导电体）时在介电质中损失了能量就利用部分能量来加热介电质。这种加热法的原理是被加热的介电质分子在电场的作用下产生了极化。假如将介电质放在高频率的电场中，则其分子的排列方位像电压一样随着频率而改变，随着分子间的迅速旋转就产生了分子间的内摩擦，电场中所消耗的就变成了热能。当频率不高时，单位时间内分子的转数不大，因此所放出的热量也不多，所以增加频率能增加所放出的热量。

8. 烟道气加热法

燃料燃烧时所得到的烟道气温度可达到 700 ～ 1 000 ℃，当必须要加热到高温时，可以采用烟道气。

（二）冷却过程

冷却与冷凝被广泛应用于化工操作之中，二者主要区别在于被冷却的物料是否发生相的改变。若发生相变（气相变为液相），则称为冷凝；无相变只是温度降低，则称为冷却。冷却与冷凝所用的设备就结构而言大同小异，冷却方法可分为直接冷却和间接冷却两类。

1. 直接冷却法

直接冷却法是指直接向所需冷却的物料中加入冷水或水（这只能在不影响物料性质或不致引起化学变化时才能用），也可将物料置入敞口槽中或喷洒于空气中使之自然气化，而达到冷却的目的。在直接冷却中常用的冷却剂为水，一般采用自来水。依季节不同其温度变化为 4 ～ 25 ℃，而地下温度较低，平均为 8 ～ 15 ℃。直接冷却法的缺点是物料被稀释。

2. 间接冷却法

间接冷却通常是在具有间壁式的换热器（冷却器）中进行的。壁的一边为低温载体，如冷水、盐水、冷冻混合物及固体二氧化碳等，壁的另一边为所需冷却的物料。

一般冷却水所达到的冷却效果不能低于 0 ℃；浓度约 70% 的盐水其冷却

效果可达 0 ～ –15 ℃；冷冻混合物（以压碎的冰或雪与盐类混合制成）依其成分不同冷却效果可达 0 ～ –45 ℃。间接冷却法在化工生产中使用较为广泛。

3. 冷却的安全技术

冷却的操作在化工生产中易被人们所忽视。实际上它很重要，不但涉及原材料定额消耗以及产品收率，而且严重地影响安全生产。因此必须予以应有的注意。

（1）根据被冷却物料的温度、压力、理化性质以及所要求的冷却的工艺条件正确选用冷却设备和冷却剂。

（2）对于腐蚀性物料的冷却最好选用耐腐蚀材料的冷却设备，如石墨冷却器、塑料冷却器以及用高硅铁管、陶瓷管制成的管套冷却器和钛材冷却器等。

（3）严格注意冷却设备的密闭性，不允许物料窜入冷却剂中，也不允许冷却剂窜入被冷却的物料中（特别是酸性气体）。

（4）冷却设备所用冷却水不能中断。否则反应热不能及时导出致使反应异常系统压力增高甚至产生爆炸。另一方面冷却器如断水会使后部系统温度升高，未冷却的危险气体外逸排空可能导致燃烧和爆炸。以冷却水控制温度最好采用自动调节装置。

（5）开车前首先清除冷凝器中的积液，再打开冷却水，然后通入高温物料。

（6）为保证不凝可燃气体排空的安全，可充氮保护。

（7）检修冷凝、冷却器时应彻底清洗、置换，切勿带料焊接。

（三）加压过程

在现代有机化学工业和无机化学工业中越来越多的工艺过程需要在高压或高真空下进行操作。许多化学工业中需采用 100 ～ 1 000 atm 或更高的压力，因为许多生产只有在高压下进行才有可能。例如氨的合成、甲醇的合成以及乙烯的聚合等。

化学工业过程中在高压下进行的过程具有特别重要的意义，通过这一系列的化学过程得以实现，而许多过程得以强化。

高压会引起物质的密度增加，在 12 000 atm 与室温下大多数液体收缩系在 25% ～ 30%。在加压和降温的情况下，气体可以液化为贮存运输和使用创造了极为有利的条件。

在高压的情况下原来不能分离的物质可以得到分离，例如在高压低温的

情况下由空气对氧气和氮气的分离等。

在高压的情况下可以提高热的利用率。气体的平热系数由于压力的升高并不增加，但其单位容积的含热量却随压力的增加而增加。

高温高压下某些气体对设备的腐蚀增加。有些气体在常温常压下不会对金属材料产生明显的作用，但是在高温高压下某些气体确实会渗透到金属壁内，使材料的表面或内部产生腐蚀氢气，在高压下可以使碳钢产生脱碳现象而生成甲烷。在高温高压下氮－氢、氮－氢－氨等混合气体可以对设备产生严重的腐蚀。

化工生产中压力来源于有压力的气体，这些气体的压力是由以下几个方面产生的。

（1）压力产生于压缩机。工作介质为压缩气体的容器压力由压缩机对气体进行压缩而产生。这些容器所承受的压力的大小主要取决于压缩机出口压力。如果容器内受热容器压力会增加。不过对于压缩气体来说温度的少量变化对压力的影响是比较小的，因为按照理想气体方程式在比容一定的情况下容器内气体的压力与它的绝对温度成正比。

（2）压力产生于蒸汽锅炉。工作介质为水蒸气的受压容器，如汽缸、蒸汽加热器等，其压力来源于蒸汽锅炉。水在锅炉被加热而燕发成蒸汽后由于体积剧烈膨胀而产生压力。这些容器的工作压力取决于锅炉的蒸汽压力。

（3）液化气体的蒸发压力。工作介质为液化气体的容器，如液化气体储缸、液化气体瓶等其内部的压力主要是由于液化气体的蒸发而产生。液化气体在常温下为气体经过加压和降温后即变为液体。当装在容器内时，一般都是以气液两相并存且液体还要不断地蒸发直至两相平衡为止，因而产生蒸发压力即这种液化气体的饱和蒸气压力。各种液化气体在不同的温度下产生不同的饱和蒸气压力。

（4）由于化学反应而产生的压力。在有些工作容器中两种或两种以上的物质，经过化学反应后如果容积显著增加，那就会在容量内产生压力或使原来的压力增高，这些容器的压力取决于参加反应的物料数量以及反应进行的程度。

（5）各种反应容器和贮存容器在加热过程中，由于容器内的液体物料的蒸发或固体物料的升华等也可以产生一定的压力。

（6）将液体凝固再加热，在恒定容积中将物质溶解或加热后可提高压力，但是此种物质在正常的条件下进行溶解时，能再增加容积并具有较高的膨胀系数。

化工工艺过程中压力的产生是很复杂的，要看工艺过程中接触的化学物质、控制条件、反应机理而定。

（四）冷冻过程

在某些化工生产过程中，如蒸气、气体的液化某些组分的低温分离以及某些物品的输送、贮藏等，常需将物料降到比水或周围空气更低的温度，这种操作称为冷冻制冷。一般来说冷冻程度与冷冻操作的技术有关，凡冷冻范围在 -100 ℃以内的称冷冻，而在 -210 ～ -100 ℃或更低的温度，则称为深度冷冻或称深冷。

1. 载冷体

冷冻机中产生的冷效应通常不用冷冻剂直接作用于被冷物体而是以一种盐类的水溶液作冷载体传给被冷物。此冷载体往返于冷冻机和被冷物之间不断被冷物取走热量不断向冷冻剂放出热量。

常用的冷载体有氯化钠、氯化钙、氯化镁等溶液，对于一定浓度的冷冻盐水有一定的冻结温度。所以在一定的冷冻条件下所用冷冻盐水的浓度较所需的浓度大，否则有冻结现象产生使蒸发器蛇管外壁结冰严重影响冷冻机操作。盐水对金属有较大的腐蚀作用，在空气存在的条件下其腐蚀作用尤甚。因此，一般应采用密闭式的盐水系统并在盐水中加入缓蚀剂。

2. 冷冻机

一般常用的冷冻压缩机由压缩机、冷凝器蒸发器与膨胀阀等四个基本部分组成。冷冻设备所用的压缩机以氨压缩机为多见在使用氨冷冻压缩机时应注意如下内容。

（1）采用不发生火花的电气设备。

（2）在压缩机出口方向应于气缸与排气阀间设置一个能使氨通到吸入管的安全装置以防压力超高。为避免管路外裂在旁通管路上不装任何阻气设施。

（3）易于污染空气的油分离器应设于室外。压缩机要采用低温不冻结且不与氨发生反应的润滑油。

（4）制冷系统压缩机、冷凝器、蒸发器以及管路系统应注意其耐压程度和气密性防止设备、管路裂纹或泄漏。同时要加强安全阀、压力表等安全装置的检查、维护。

（5）制冷系统因发生事故或停电而紧急停车时应注意其被冷物料的排空处理。

（6）装有冷料的设备及容器应注意其低温材料的选择防止低温脆裂。

（五）物料输送

在化工生产过程中经常需将各种原料、中间体、产品、副产品及废弃物由前一工序输送至后一工序，或由一个车间输往另一个车间以及输往储运地点。这些输送过程在现代化工企业中是借助于各种输送机械设备实现的。由于所输送的物料形态不同因而所采用的运输设备也各不相同。不论何种形式的输送保证其安全运行都十分重要，否则一处受阻将危及整个生产的进行。

1. 固体块状物料与粉料的输送

（1）胶带转动输送。要防止在运行过程中高温物料烧坏胶带或因斜偏刮挡撕裂胶带的事故发生。

（2）齿轮传动输送。齿轮传动的安全运行在于齿轮同齿轮、齿轮同齿条及链条间的良好啮合以及零件具有足够的强度。此外，要严密注意负荷的均匀、物料的粒度以及混入其中的杂物，防止因卡料而拉断链条链板等。同样齿轮与齿轮齿条、链条相啮合的部位也极其危险，该处连同其端面均应采取防护措施以防发生重大人身伤亡事故。轴、联轴节、联轴器键及固定螺钉等部位表面光滑程度有限，有凸起，因此这些部位要安装防护罩并不得随意拆卸。

（3）吸送式气力输送也称负压输送。该系统的风机与真空泵安装在系统的尾部，靠机泵形成的吸力将空气与物料一起吸入经分离器将物料与空气分离，由分离器底部排出。空气则由除尘器净化压排入大气或循环使用。真空输送系统具有输送量大、动力消耗小、防尘效果好、系统紧凑、工作可靠和磨损小等优点。

物料输送设备的开、停在生产中有自动开停和手动开动系统。应设置发生事故时的自动停车和就地手动事故按钮停车系统，为保证输送设备安全应安装超负荷、超行程停车装置。紧急事故停车开关应设在操作者经常停留的部位。停车检修开关应上锁或撤掉电源。

在输送设备的日常维护中润滑加油和清扫工作易使操作者受伤。因此减少这类工作次数就能减少操作者发生危险的概率，所以应安装自动注油和清扫装置否则进行这类工作时一律停车处理。

2. 液态物料的输送

在化工生产中经常遇到液态物料设管道输送高处的物料，借其位能由高处输往低处但反之则不能。为将液态物料由低处输往高处或由一地输往另一地（水平输送）或由低压处输往高压处以及为保证流量、克服阻力所需的压头都依靠泵这种设备去完成。

化工输送泵种类繁多常见的有往复泵、离心泵、旋转泵、流体运动作用泵四类。

（1）往复泵。往复泵是正位移泵严禁用出口阀门调节流量，否则将造成事故。蒸汽往复泵是以蒸汽为驱动力，其优点是不用电和其他动力，因此可以避免产生火花，特别适用于输送易燃液体。当输送酸性和悬浮液时选用隔膜往复泵较为安全因为用耐磨、耐腐蚀的橡胶和特种金属制成的隔膜可将物料与活塞隔开使其不受损坏。往复泵开动前需对各运动部位进行检查，观察其活塞和缸套是否磨损、吸液管上之垫片是否适合法兰大小，以防泄漏各注油处应适当加润滑油。开车时将泵体内壳充满水排除缸中空气，若在出口装有阀门的必须将出口阀门打开。

（2）离心泵。离心泵在开动前泵内的吸入管必须用液体充满或采取其他措施以防气缚现象发生，如在吸液管装一单向阀门使泵在停止工作时，泵内液体不致流空或将泵置于吸入液面之下或采用自引式离心泵都可以将泵内空气排尽。操作前及时压紧填料函但不要过紧、过松以防磨损轴部或使物料喷出。停车时慢慢关闭泵出口阀门使泵进入空转。使用后放净泵与管道内的积液，以防冬季冻坏设备、管道。在输送可燃液体时其管内流速不应大于安全流速，且管道应有可靠接地措施以防静电。同时要避免吸入口产生负压防止空气进入系统导致爆炸或抽瘪设备。

（3）旋转泵。旋转泵同往复泵一样同属于正位移泵。故流量不能用出口管路上的阀门进行调节，而用改变转子的转速或装回流支路调节流量。旋转泵的流量仅与转子的转速有关几乎不随压强而变化。旋转泵压头大流量少适合输送黏度大的液体如油类物料等。除特殊结构外由于缝隙小不宜输送含固体的悬浮液。耐腐蚀材料制造的转子泵则可用于输送腐蚀性流体。旋转泵结构简单、紧凑操作可靠管理和使用方便。

（4）流体运动作用泵。这类泵的特点为无活动部分。液体的输送主要靠空气的压力或运动着的流体本身的压力。由于这类泵无活动部分且结构简单，因此可衬以耐酸或耐腐蚀材料在化工生产中有着特殊的用途。在输送有爆炸性或燃烧性物料时要采用氮、二氧化碳等惰性气体代替空气以防造成燃烧和爆炸。另外需注意对于易燃液体不能采用压缩空气压送。因为空气与易燃液体蒸气混合可形成爆炸性混合物且有产生静电的可能。

另外需注意对于易燃液体不能采用压缩空气压送。因为空气与易燃液体蒸气混合可形成爆炸性混合物且有产生静电的可能。

3. 气体物料的输送

气体与液体不同之处是气体具有可压缩性，因此在其输送过程中当气体压强发生变化其体积温度也随之变化。在化工生产中用于气体物料输送的设备种类较多大致有下列两类：往复压缩机和旋转压缩机。气体输送方法根据压力不同又可分为送风机、压缩机和真空泵。气体物料输送需注意以下几点问题。

（1）输送可燃气体采用液环泵比较安全。抽送或压送可燃性气体时进气、吸入口应该保持一定余压以免造成负压吸入空气形成爆炸性混合物（雾化的润滑油或其分解产物与压缩空气混合同样会产生爆炸性混合物）。

（2）为避免压缩气缸贮气罐以及输送管道因压力增高而引起爆炸，要求这些部分要有足够的强度。此外要安装经过校验的准确可靠的压力表和安全阀（或爆破片）。安全阀泄压应将危险气体导至安全的地方。还可安装压力超高报警器、自动调节装置或压力超高自动停车装置。

（3）压缩机在运行中，不能中断输送润滑油和冷却水并注意冷却水不能进入气缸以防发生水锤现象。对于氧压缩机严禁与油类接触一般采用含 10% 以下甘油的蒸馏水作为润滑剂。其中水的含量应以气缸壁充分润滑而不产生水锤为准（82 ～ 100 滴 /min）。

（4）气体抽送、压缩设备上的垫圈易损坏漏气应经常检查及时更换。

（5）对于特殊压缩机应根据压送气体物料的化学性质的不同而有不同的安全要求。例如乙炔压缩机同乙炔接触的部件就不允许用铜来制造以防产生比较危险的乙炔铜等。

（6）可燃气体的输送管道应经常保持正压并根据实际需要安装逆止阀水封和阻火器等安全装置。

（7）易燃气体、液体管道不允许同电缆一起敷设。而可燃性气体管道同氧气管一同敷设时氧气管道应设在旁边并保持 250 mm 的净距。

（8）管内可燃气体流速不应过高。管道应良好接地以防止静电引起事故。

（9）对于易燃、易爆气体或蒸汽的输送、压缩设备的电机部分应采用防爆型设备。否则应设置穿墙隔离的设施。

（六）熔融过程

在化工生产中常常需要将某些固体物料（如苛性钠、苛性钾、萘等）熔融之后进行化学反应。从安全技术角度出发熔融这一单元操作的主要危险来源于被熔融物料的化学性质固体质量熔融时的黏稠程度、熔融中副产品的生成熔融设备、加热方式以及被熔物料的破碎等方面。

1. 熔融物料的危险性质

被熔融物料本身的危险特性对操作安全是有很大影响的。例如碱熔过程中的碱它可使蛋白质变为胶状碱蛋的化合物又可使脂肪变为胶状皂化物质。碱比酸具有更强的渗透能力且进入组织较快，因此碱灼伤要比酸灼伤更为严重，尤其对眼的损伤更为严重能使视力严重减退、失明或眼球萎缩。

2. 熔融物的杂质

熔融物的杂质对安全操作也是十分重要的。杂质的存在会妨碍反应物的混合并能使其局部过热、烧焦、致使熔融物质喷出烧伤操作人员，因此必须经常消除锅垢。

3. 物质的黏稠程度

能否安全进行熔融与反应设备中物质的黏稠程度有密切关系。反应物质流动性越大熔融过程就越安全。

为使熔融物质具有较大的流动性可用水将碱适当稀释。当苛性钠或苛性钾有水存在时其熔点就显著降低，从而使熔融过程可以在危险性较小的低温下进行。在化学反应中使用 40% ～ 45% 的碱液代替固碱较为合理。这样可以免去固碱粉碎及其熔融过程。在必须用固碱时最好使用片碱。

4. 熔融设备

熔融过程是在 150 ～ 350 ℃下进行的一般采用烟道气加热。也可采用油浴或金属浴加热。使用煤气加热应注意煤气的泄漏引起爆炸或中毒。对于加压熔融的操作设备应安装压力表、安全阀和排放装置。

（七）干燥过程

在化工生产中将液体与固体分离可采用过滤的方法。要进一步除去固体中的液体就得采用干燥方法。干燥按操作压强可分为常压和减压干燥。按操作方法可分为间歇式与连续式干燥。按干燥介质类别可分为空气、烟道气或其他介质的干燥。按干燥介质和物料流动方式可分为并流、逆流和错流干燥。

在干燥方法中间歇式干燥比连续式干燥危险。因为在这类操作过程中操作人员不但劳动强度大而且还需在高温、粉尘或有害气体的环境下操作。

1. 间歇式干燥

温度较难控制易造成局部过热导致物料分解引起火灾或爆炸。干燥过程中散发出来的易燃蒸气或粉尘同空气混合达到爆炸极限遇明火、炽热表面和高温即燃烧爆炸。因此在干燥过程中应严格控制干燥温度。根据具体情况安装温度计、温度自动调节装置、自动报警装置及防爆泄压装置。上述装置必须由专

人负责保证灵敏好用。

一切电气设备开关（非防爆的）均应装在室外或箱外。电热设备应搞好隔离措施。干燥室内不得存放易燃物并要定期清除墙壁积灰。干燥物料中含有自燃点很低及其他有害杂质必须在烘烤前彻底清除。利用电热烘箱烘干物料能蒸发出可燃气体时应将电热丝完全封闭箱上加防爆安全门。

2. 连续干燥

干燥过程连续进行因此物料过热的危险性较小。且操作人员脱离了有害环境，所以连续干燥较间歇式干燥更为安全。在通道式滚筒式干燥器干燥时主要防止机械伤害，为此应有联系信号及各种防护装置。

在气流干燥、喷雾干燥沸腾床干燥及滚筒式干燥中多以烟道气、热空气为干燥热源。干燥过程中所产生的易燃气体和粉尘同空气混合易达到爆炸极限。在气流干燥中物料由于迅速运动相互激烈碰撞、摩擦易产生静电。滚筒干燥中刮刀有时同滚筒壁摩擦产生火花这些都是很危险的。因此应当严格控制干燥气流风速并将设备接地。对于滚筒干燥应适当调整刮刀与筒壁间隙并将刮刀牢牢固定，或采用有色金属材料制造刮刀以防产生火花。用烟道气加热的滚筒式干燥器应注意加热均匀不可断料滚筒不可中途停止运转。如有断料或停转应切断烟道气并通氮气。

在干燥中注意采取措施防止易燃物料与明火直接接触。干燥设备上应安装爆破片定期清理设备中的积灰。

3. 真空干燥

在干燥易燃易爆的物料时为保障安全最好采用连续式或间歇式真空干燥，因为在真空条件下易燃液体蒸发速度快，并且干燥温度可适当控制低一些，从而防止由于高温引起物料局部过热和分解。因此大大降低了火灾和爆炸的危险性。

当真空干燥后消除真空时一定要使温度降低后方能放入空气。否则空气过早放入会引起干燥物着火或爆炸。

（八）蒸发与蒸馏过程

1. 蒸发

蒸发是借加热作用使溶液中所含的溶剂不断气化、不断被去除以提高溶液中溶质浓度或使溶质析出的过程，即挥发性溶剂与不挥发性溶质分离的物理操作过程。

从安全技术角度出发凡蒸发的溶液皆具有一定的特性。例如溶质在浓缩过程中有结晶、沉淀和污垢生成这些将导致供热效率的降低并产生局部过热。因此对加热部分需经常清洗。

对具有腐蚀性溶液的蒸发必须考虑设备的腐蚀问题。

对于热敏性溶液的蒸发必须考虑温度的控制问题，特别是由于溶液的蒸发产品结晶和沉淀，而这些物质又是不稳定的局部过热可使其分解变质或燃烧、爆炸则更应注意严格控制蒸发温度。为防止热敏性物质的分解可采用真空蒸发的方法降低蒸发温度，或者使溶液蒸发器内停留时间和与加热面接触时间尽量缩短，如采用单程循环、高速蒸发等。

2. 蒸馏

蒸馏也是重要的化工单元操作之一，在化学工业中主要应用于液体混合物的分离和提纯。蒸馏过程是根据液体混合物中各组分的不同挥发度，通过加热蒸发、分馏冷凝以提高物料纯度的过程。普通蒸馏是在液体的沸点下进行的蒸馏的速度取决于引入的热量在蒸馏过程中气相和液相处于平衡状态。分子蒸馏过程是比较新的化学工艺过程是在较高的条件下进行的。

许多有机化合物不能在常压下加热至沸腾，因为在沸点时有机化合物开始发生化学变化如分解或聚合等。如将这些有机物在真空的条件下蒸馏，可以避免发生这种现象因为沸点随着压力的降低而降低。

在蒸馏过程中处理的物料大多是易燃易爆的液体和气体，物料从设备中逸出是十分危险的。由于液体的沸点随蒸馏压力而变化根据物料的性质和工艺要求蒸馏可分为一般蒸馏、真空蒸馏和高压蒸馏三种。蒸馏操作的多样化增加了工业上和设备上的复杂性。如果操作不慎设备密闭不好就可能发生火灾爆炸事故。

（1）一般蒸馏（常压蒸馏）。常用于具有中等挥发性的物品（如沸点在100 ℃左右）如苯、乙醇等有机溶剂等。常压蒸馏中易燃液体的蒸馏不能用火加热应该采用水蒸气或过热水蒸气加热。具有腐蚀性的易燃液体的蒸馏，其设备应有防护措施以防止腐蚀穿孔逸出易燃液体或气体。塔顶蒸馏物料蒸汽应保证充分有效的冷凝，防止冷却水或冷冻盐水的中断导致气体逸出或储缸中物料温度的升高。对于直接用火加热蒸馏的高沸点物质（如苯二甲酸酐）时须防止蒸干造成结焦引起局部过热而着火焦油残渣应经常清除。

（2）真空蒸馏。对于沸点较高而在高温蒸馏时又会引起分解爆炸或聚合的物质一般采用夹套蒸馏。真空蒸馏设备必须保证密闭，否则空气抽入设备有形成爆炸性混合物的危险。蒸馏用的真空泵应装有单向阀防止突然停车时空气倒流入设备内。当易燃易爆的物料蒸馏完毕后，应先对蒸馏锅冷却灌入惰性气

体再停真空泵防止热的蒸馏锅中进入空气引起燃烧和爆炸。

（3）高压蒸馏。对于常压下沸点低于 30 ℃的物料应采用加压蒸馏。但对沸点更低的物质如石油气体的分离提纯，必须采用低温和高压使其冷凝成液体然后再在高压下进行蒸馏分离。由于高压蒸馏时蒸气或气体更容易在装置不严密处逸出而造成火灾或中毒危险。因此设备应经过严格的耐压试验和检查并应装置温度压力的控制调节仪表。

此外不论是哪种蒸馏方法在蒸馏易燃物料时均应注意清除静电荷，因此设备应有良好的接地室外蒸馏塔还应装设可靠的避雷装置蒸馏设备，应随时检查定期检修。开车或停车前应用惰性气体吹扫。

三、关键装置操作安全技术

（一）蒸馏塔、槽类操作

1. 蒸馏塔

凡根据蒸馏原理进行组分分离的操作都属蒸馏操作，用于蒸馏的设备称为蒸馏塔。常见的蒸馏操作方式有闪蒸、简单蒸馏、精馏和特殊蒸馏。蒸馏可以连续式也可以间歇式进行。按操作压力可分为常压蒸馏、减压蒸馏、加压蒸馏特殊蒸馏等。蒸馏过程除根据加热方法采取相应的安全措施外，在操作时还应注意操作压力和过程。因为压力的变化可直接导致液体沸点的改变。在处理难以挥发的物料（在常压下沸点 150 ℃以上）时应采用真空蒸馏。处理中等挥发性物料时（在常压下沸点在 100 ℃左右）采用常压蒸馏较为适宜。常压下沸点低于 30 ℃的物料则采用高压蒸馏但应注意系统密闭。

在常压蒸馏中，应注意易燃液体的蒸馏热源不能采用明火蒸馏，自燃点很低的液体应注意蒸馏系统的密闭，防止因高温泄漏遇空气自燃。对于高温的蒸馏系统应防止冷却水突然漏入塔内，这将使水迅速气化塔内压力突然增高而将物料冲出或发生爆炸。在常压蒸馏过程中还应注意防止管道、阀门被凝固点较高的物质凝结堵塞导致塔内压力升高而引起爆炸。

2. 槽类

槽类装置操作的安全要求如下。

（1）定期检查所有系统有无泄涌情况。

（2）检查各运行泵的出口压力是否稳定泵的振动情况以及是否有异声。

（3）检查泵轴温度、油压以及冷却水温度。

（4）检查运行泵返回液是否回到输出的贮槽中去。

（5）检查滤网堵塞情况。

（6）检查各贮槽的温度、压力及阀门状态。

（7）检查输出贮槽是否进料。

（8）贮料进料是间歇的，因此进料巡回检查也是间歇的具体时间为进料前以后每隔半小时检查一次结束后再全面检查一次。

（9）每小时检查各贮槽液位以免满槽或被抽空。

（10）每小时整点抄录运行报表。

（11）每周检查一次各贮槽呼吸阀是否畅通完好。

（12）注意倒槽、倒泵时阀门开关顺序及位置。

（二）换热器、冷却器操作

1. 换热器

（1）蒸汽加热。蒸汽加热必须不断排除冷凝水，否则冷凝水积于换热器中部分或全部变为无相变传热使得传热速度下降。同时还必须及时排放不凝性气体，因为不凝性气体的存在使蒸汽冷凝的传热系数大大降低。

（2）热水加热。热水加热一般温度不高加热速度慢操作稳定只要定期排放不凝性气体就能保证正常操作。

（3）烟道气加热。烟道气一般用于生产蒸汽或加热汽化液体，烟道气的温度较高且温度不易调节，在操作过程中必须注意被加物料的液位流量和蒸汽产量还必须做到定期排污。

（4）导热油加热。其特点是温度高（可达 400 ℃）、黏度较大、热稳定性差、易燃温度调节困难操作时必须严格控制进出口温度，定期检查进出口管及介质流道是否结垢，做到定期排污定期放空过滤或更换导热油。

（5）水和空气冷却。操作时根据季节变化调节水和空气的用量，用水冷却时还要注意定期清洗。

（6）冷冻盐水冷却。其特点是温度低腐蚀性较大，在操作时应注意严格控制进出口温度，防止结晶堵塞介质通道要定期放空和排污。

（7）冷凝。冷凝操作需要注意的是定期排放蒸气侧的不凝性气体特别是减压条件下不凝性气体的排放。

2. 冷却器

冷却设备在安全操作运行中重要的控制点有蒸发温度和压力、冷凝温度和压力过冷温度和冷却温度。

（1）蒸发温度。冷却过程的蒸发温度是指制冷剂在蒸发器中的沸腾温度。

实际使用中的冷却系统由于用途各异蒸发温度各不相同，但是制冷剂的蒸发温度必须低于被冷物料要求达到的最低温度，使蒸发器中制冷剂与被冷物料之间有一定的温度差以保证提供所需的推动力。这样制冷剂在蒸发时才能从冷物料中吸收热量实现低温供热过程。若蒸发温度不高则蒸发器中传热温差小，要保证一定的吸热量必须加大蒸发器的传热面积；相反蒸发温度低时蒸发器的传热温差增大，选择适宜的蒸发温度不仅是保证安全运行的前提而且涉及安全控制的难易程度。

（2）冷却温度。冷却过程的冷凝温度是指制冷剂蒸气在冷却器中的凝结温度。冷凝温度主要受冷却水温度的限制，由于使用的地区和季节的不同其冷却温度也不同，但必须高于冷却水的温度使冷却器中的制冷剂与冷却水之间有一定的温度差以保证热量传递。

（三）反应器、反应管操作

化学反应器是化工装置的重要设备之一。按照高水平器的形状和结构可以分为釜式（槽式）、管式塔式、固定床、流化床、移动床等各种反应器；按照与外界有无热量交换可以分为绝热式反应器和外部换热式反应器；按照反应器内温度是否相等、恒定可以分为恒温式（或等温式）反应器和非恒定反应器；按照操作方式可以分为间歇式、半间歇式和连续式。间接式又叫批量式一般都是在釜式反应中进行。

1. 间歇操作釜式反应器

理想的间歇操作釜式反应器器内物料充分混合各处的浓度、温度相等，因而各点的反应速度相等。反应过程中浓度、温度和反应速度随着反应时间变化。

2. 连续操作管式反应器

在连续操作管式反应器中反应混合物的流动像活塞在气缸中的单向运动一样被称为活塞流反应器。其特点是不存在逆向流动，在垂直于流体流动方向的同一截面上各点的性质不同，不但流速一样而且温度、压力和组成均匀一致，各流体元通过反应器的时间相等并等于平均停留时间，因此各流体元达到转化率相同温度压力、组成只沿轴向变化。这里所说的流体元是指流体微元是流体流动时，独立存在的基本单位它可以是一个分子也可以是一个分子团或分子束。

3. 连续操作釜式反应器

连续操作釜式反应器的特点是器内物料混合均匀各处的温度、浓度反应速度相等并且等于出口处的温度、浓度和反应速度。搅拌良好的连续操作釜式反应器可以近似地看作是理想连续釜式反应器。连续操作釜式反应器一般均带有一定功率的搅拌器，有夹套可以单釜操作也可以多釜串联操作。其优点是连续操作产品质量均匀易于实现自动控制需要较少的体力劳动；便于清洗；可以交替生产不同种类的产品；温度容易控制；多釜串联使用时各釜可以在不同的温度下运行。

（四）阀操作

阀件是用来开启、关闭和调节流量及控制安全的机械装置也称阀门。

阀门是化工安全生产的关键组件。阀门的开启和关闭阀门的畅通与隔断阀门的质量好与坏阀门的严密和渗泄等均关系到安全运行由阀门引起的火灾、爆炸中毒事故数不胜数。为了使阀门正常工作，在操作过程中必须严格按照规定进行操作做好阀门的维护工作。

（1）保持清洁与润滑良好使转动部件灵活运作。

（2）检查有无渗漏如有应及时修复。

（3）安全阀要保持无挂污与无渗漏并定期校验其灵敏度。

（4）注意观察减压阀的减压效能，若减压值波动大应及时检修。

（5）阀门开全后必须将手轮倒转少许以保持螺纹接触严密不损伤。

（6）电动阀应保持清洁及接点的良好接触防止水汽和油的沾污。

（7）露天阀门的转动装置必须有防护罩以免大气及雨雪的侵入。

（8）做好保温与防冻工作应排净停用阀门内部积存的介质。

（9）要经常测听止逆阀阀芯的跳动情况以防脱落。

（10）及时维修损坏的阀门零件发现异常及时处理。

（五）仪表设备操作

随着工业的发展，工艺设备生产能力的提高，中间容器的减少能量回收的加强，对工艺过程的安全可靠性要求越高，对仪表自动化水平也提出了更高的要求。电子仪表由电子管发展到晶体管再由分立元件发展到集成电路气体仪表也开始单元组合化。在系统方面出现了各种复杂的调节系统，如在选择性调节系统中遇到不正常的工艺情况，被调节参数达到安全极限时，改用保护性的调节规律改变了过去不得不切向手动或被迫连锁停车的情况，这样自动化程度更高安全性更可靠。

1. 工艺仪表装置在安全操作方面的功能

（1）工艺系统的参数不正常时的检测和报警。

（2）自动处理工艺不正常的紧急停车。

（3）自动化、遥控化避免操作人员直接进入危险场所。

（4）在故障产生之前告知事故的形成。

（5）在运转条件下测出事故的发生时装置必须立即停车。

2. 仪表装置用的空气和电源

工艺系统仪表装置的动力是电源和空气，一旦断绝动力工艺就会停止为此必须设置仪表装置的备用系统。就电池而言备用蓄电池可维持 5 ～ 15 min。对空气来说可预备压缩机以防压力下降也可预备能维持供气大约 10 min 的贮气柜。近代化学工业由于工艺的大型化、高压化不同的各种情况作为操作动力的空气压力，至少需 0.5 MPa 的表压因此在特定的回路上必须设置氮气钢瓶以供备用。

四、装置停车安全

化工装置在停车过程中要进行降温、降压、降低进料量，一直到切断原燃料的进料然后进行设备倒空、吹扫、置换等工作，各工序和岗位之间联系密切如果组织不好、指挥不当、联系不周或操作失误都容易发生事故。

（一）正常停车

正常停车的步骤如下。

（1）停车。严格按行车操作要求停车顺序和各项安全措施进行。

（2）卸压。系统卸压要缓慢由高压降至低压，应注意压力不得降至零更不能造成负压，一般要求系统内保持微弱正压。

（3）降温。按规定的降温速率进行降温须保证达到规定要求。

（4）排净。排净生产系统（设备、管道）内贮存的气、液、固体物料。

（5）安全隔绝。设备必须进行可靠隔绝。由于隔绝不可靠致使有毒、易燃易爆、有腐蚀、窒息和高温介质进入设备而造成重大事故。最安全可靠的隔绝办法是拆除管线或抽插盲板。

（6）置换和中和。对易燃易爆、有毒有害气体的置换大都采用水蒸气、氮气等惰性气体作为置换介质。若需要进入内部工作则必须用空气置换惰性气体以防发生窒息。置换作业一般应在抽插盲板之后进行。

（7）切断所有设备的电源。

（8）公用工程系统（水、电、汽、气）按规定停止给送。

（二）紧急停车

紧急停车的注意事项如下。

（1）把握好降温降量的速度。降温、降量的速度不宜过快尤其在高温条件下。温度的骤变会引起设备和管道的变形、破裂和泄漏。易燃易爆介质的泄漏会引起着火爆炸有毒物质泄漏易引起中毒。

（2）开关阀门操作一般要缓慢进行，尤其是在开阀门时打开头两扣后要停片刻使物料少量通过观察物料畅通情况（对热物料来说可以有一个对设备和管道的预热过程），然后再逐渐开大直至达到要求为止。开水蒸气阀门时开阀前应先打开排凝阀将设备和管道内的凝液排净，然后关闭排凝阀再由小到大逐渐把蒸汽阀打开，以防止蒸汽遇水锤现象产生震动而损坏设备和管道。

（3）加热件的停炉操作应按工艺规程中规定的降温曲线逐渐减少烧嘴，并考虑到各部位火嘴熄火对炉膛降温的均匀性。加热炉未全部熄灭或炉膛温度很高时有引燃可燃气体的危险性。此时装置不得进行排空和低点排放凝液以防有可燃气体飘进炉膛引起爆炸。

（4）高温真空设备的停车必须先破真空待设备内的介质温度降到自燃点以下，方可与大气相通以防空气进入引起介质的爆炸。

（5）装置停车时设备及管道内的液体物料应尽可能倒空送出装置可燃、有毒气体应排至火炬烧掉。对残存物料的排放应采取相应措施不得就此排放或排入下水道中。

（三）紧急停车训练

现代化学工业生产各级领导指挥决策稍有失误，操作者在工作中稍有疏忽都将造成重大事故。因此安全生产是全体人员的事单靠安全部门是远远不够的。在充分发挥专职安全技术人员和安全管理人员的骨干作用的同时还应充分发挥每一个员工的安全生产积极性，做到人人重视安全生产，个个自觉遵守安全生产规章制度，互相监督发现安全隐患及时消除从而实现安全生产。

企业还必须制定和执行各级安全生产责任制。为使安全生产各项规章制度得以认真贯彻执行，除了经常的监督检查还应当对员工进行有针对性的岗位培训，通过培训来不断提高员工的安全技术素质。特别要求每个职工掌握各自岗位的安全技术操作规程，使职工懂得什么样的操作是安全的，什么样的操作

是危险的以及为什么有危险的道理。

（四）紧急停车处理

1. 突然停电

突然停电时应立即停止加料，因为停电后搅拌停止物料易分层反应不能正常进行。若为放热反应应立即停止加热，适当冷却以防一旦恢复供电搅拌恢复运转物料突然大量混合温度猛升造成冲料。

若晚上突然停电应借助应急照明灯，如果什么照明也没有不可摸黑乱跑以防发生跌、撞、轧、掉等危险。绝对不能用打火机等照明。实在漆黑一团时可原地待命。

2. 突然停车

突然停车时立即停止加料、停止加热搅拌器应继续运转，如需冷却可改用冰盐水。如无冰盐水无深井水又无自来水停止加热后温度仍继续上升不得已时，可停止搅拌使反应趋缓。待供水恢复后先开冷却水待温度降低后再启动搅拌以防冲料。

3. 突然停气

突然停蒸汽时加热中断，此时应关闭蒸汽进口阀开动搅拌保温待蒸汽恢复后再开启蒸汽阀门加热便于控制温度。

4. 冲料

一旦遇到冲料应立即做好个人防护，打开门窗关蒸汽阀门任何电气开关一律不动人员撤至上风向。如果锅子大物料多，往往不会一下子全部冲光此时还应开冷却液阀门进行冷却。若为有毒物料首先戴防毒面具然后进行其他处理。

第二节　化工机械设备安全技术

一、化工机械设备安全技术概述

机械设备是人类进行生产的重要工具是现代生产和生活中必不可少的设备。在科技日新月异发展的今天机械设备的功能不断增加，数量不断增长，使用范围不断扩大一方面给人们带来高效、快捷和方便另一方面也带来了一些不安全因素。机械安全是发展机械生产的必然要求。

机械安全是由组成机械的各部分和整机的安全状态以及使用机械的人的安全行为来保证的。机械的安全状态是实现机械系统安全的基本前提和物质基础。

（一）化工机械设备分类

机械设备是实现化工生产必不可少的组成部分。通常可以将其分为通用机械设备和化工专用设备两大部分。

通用机械设备是属于各个行业中都得到普遍应用的。通用机械设备包括使用较多的化工机械设备有锅炉、风机、各种类型的泵、起重机械等。这些设备和机器的主要作用与它们在其他行业中的应用与作用相同。

化工专用设备可分为化工静设备和化工机器。

化工静设备有盛装化工介质的各种化工容器（包括罐、槽、池等）。提供能量交换的各种形式的换热器、化工过程中提供反应场所的种类化学反应器（有槽形、塔形、管道形、釜形等）、化学物质的分离设备和专用加热窑炉（如管式炉、隧道窑等）。

化工机器主要有物料传送设备如风机、各种类型的泵等本类设备机器还包括气体压缩机、离心机、各种化工专用炉窑等。

化工机械设备中有相当数量属于特种设备。如锅炉、压力容器、气瓶、压力管道等都属于压力容器；化工专用炉窑属于高温设备；还有各种起重机械。它们在使用过程中都具有较大的危险性一旦发生故障往往会造成严重的经济损失和人员伤亡事故。因此对安全生产有重大的影响，在使用过程中需加强监察防止和减少事故的发生。

（二）由机械产生的危险

由机械产生的危险是指在使用机械过程中可能对人的身心健康造成损伤或危害。主要有两类：一是机械危害；另一类是非机械危险，包括电气危险、噪声危害、振动危险、辐射危险、温度危险、材料或物质产生的危险、未履行安全人机学原则而产生的危险等。

机械伤害是机械能的非正常转化或传递导致对人员的接触性伤害。其主要形式有夹挤、碾压、剪切、切割、缠绕或卷入、戳扎或磨损、飞出物打击、高压液体喷射、碰撞或跌落等。

机械及其零件对人产生机械伤害的主要原因如下。

①形状和表面性能：切割要素、锐边、利角部分、粗糙或过于光滑的表面。

②相对位置：相对运动运动与静止物的相对距离过小。

③质量和稳定性：在重力的影响下可能运动的零部件的势能。

④质量和速度（加速度）：可控或不可控运动中的零部件的动能。

⑤机械强度不够：零件、构件的断裂或垮塌。

⑥弹性元件的势能、在压力或真空下的液体或气体的势能。

（三）机械安全通用技术

通过设计减小风险是指在机械设计阶段从零件材料到零部件的合理形状和相对位置从限制操纵力、运动件的质量与速度到减小噪声和振动。采用本质安全技术与动力源应用零部件间的强制机械作用原理，结合人机工程学原则等多项措施通过选用适当的设计结构尽可能避免或减小危险；也可以通过提高设备的可靠性、操作机械化或自动化以及实行在危险区之外的调整、维修等措施。通过选用适当的设计结构尽可能避免或减小风险。

1. 采用本质安全技术

本质安全技术是指利用该技术进行机械预定功能的设计和制造，不需要采用其他安全防护措施就可以在预定的工作条件下执行机械的预定功能时满足机械自身的安全要求。

①在不影响预定使用功能的前提下，机械设备及其零部件应尽量避免设计成会引起损伤的锐边、尖角、粗糙或凹凸不平的表面及较突出的部分。

②安全距离原则。利用安全距离防止人体触及危险部件或进入危险区这是减小或消除机械风险的一种方法。

③限制有关因素的物理量。在不影响使用功能的情况下根据各类机械的不同特点限制某些可能引起危险的物理量值来减小危险。如将操纵力限制到最低值使用操作件不会因力的破坏而产生机械危险；限制噪声和振动。

④使用本质安全工艺过程和动力源。对预定在有爆炸隐患场所使用的机械设备，应采用气动或全液压控制系统和操纵机构或本质安全电气装置并在机械设备的液压装置中使用阻燃和无毒液体。

2. 限制机械应力

机械选用的材料性能数据、设计规程、计算方法和试验规则都应该符合机械设计与制造的专业标准或规范的要求，使零件的机械应力不超过材料的承受能力，保证安全系数以防止由于零件应力过大而被破坏或失效从而避免故障或事故的发生。同时通过控制连接、受力和运动状态来限制应力。

3. 材料和物质的安全性

用以制造机械的材料燃料和加工材料在使用期间不得危及周边人员的安

全或健康。材料的力学特性如抗拉强度、抗剪切强度、冲击韧性、屈服极限等应能满足执行预定功能的载荷作用要求；材料能适应预定的环境条件如有抗腐蚀、耐老化、耐磨损的能力；材料应具有均匀性防止由于工艺设计的不合理使材料的金相组织的不均匀性而产生残余应力；同时应避免采用有毒的材料或物质应能避免机械本身或由于使用某种材料而产生的气体、液体、粉尘、蒸汽或其他物质造成火灾和爆炸的危险。

（四）安全防护措施

安全防护是通过采用防护装置、安全装置或其他手段对一些机械危险进行预防的安全技术措施，其目的是防止机械在运行时产生各种对人员的接触伤害。防护装置和安全装置有时也统称安全防护装置。安全防护的重点是机械的传动部分、操作区、高空作业区、机械的其他运动部分、移动机械的移动区域以及某些机械由于特殊危险形式需要采取的特殊防护等。

通过结构设计不能适当地避免或充分限制的危险应采用安全防护装置加以防护。有些安全防护装置可以用于避免人所面临的多种危险，例如防止进入机械危险区的固定式防护同时也能用于减小噪声级别和收集机器有毒排放物。

1. 防护装置和安全装置的选用

采用安全防护装置的主要目的是防止运动件产生的危险。对特定机械安全防护装置的正确选用应根据对该种机械的风险评价结果进行，并应首先考虑采用固定式防护装置。这样做比较简单但一般只适用于操作者在机械运转期间不需进入危险区的应用场合。当需要进入危险区的频次增加因经常移开和放回故障防护装置而带来不便时应采用联锁活动防护装置或自动停机装置等。

2. 安全防护装置的一般要求

对机器设定、过程转换、查找故障、清洗或维修时，需进入危险区的场合机器应尽可能设计出所提供的安全防护装置，能保证生产操作者的安全也能保证相关人员的安全而不妨碍他们执行任务。当不能做到上述要求时对机器应尽可能提供减小风险的适当措施并采用手动控制方式。当采用手动控制时自动控制模式将不起作用同时只有通过触发起动装置才能允许危险元件运动。

当执行不需要机器与其动力源保持联系的任务时（尤其是执行维修等任务时），应将机器与动力源断开并将残存的能量泄放以保证最高程度的安全。

3. 防护装置和安全装置的设计与制造要求

在设计安全防护装置时其形式及构造方式的选择应考虑所涉及的机械危险及其他危险。安全防护装置应与机器的工作环境相适应且不易被损坏。一般

应符合以下要求。

（1）防护装置的具体要求

①防护装置的一般功能要求：能防止人进入被防护装置包围的空间；能容纳、接收或遮挡可能由机器抛出、掉下或发射出的材料、工件、切屑、液体、放射物、灰尘、烟雾、气体、噪声等。另外它们还要能对电、温度、火、爆炸物、振动等具有特别防护作用。

②固定式防护装置的要求：永久固定（通过焊接方法等）或借助紧固件固定（若不用工具就不能使其移动或打开）。

③固定式防护装置的要求：永久固定（通过焊接方法等）或借助紧固件固定（若不用工具就不能使其移动或打开）。

防止由其他运动件产生危险的活动防护装置应按以下要求设计：应与机器的操纵系统相联系，使运动件位于操作者可达范围时它们不能起动；一旦它们起动操作者不能触及运动件。这可通过采用有或没有防护锁的联锁装置来达到；它们只有通过有意识的动作（如使用工具、钥匙等）才能调整。

④可调防护装置的要求：对危险区不能完全封闭的地方采用可调防护装置；根据所涉及的工作类型可采用手动或自动调整；不使用工具就很容易调整；尽可能减小抛出危险。

⑤可控防护装置：操作者或其身体的某一部分不能停留在危险区或危险区与防护装置之间时；当打开防护装置或联锁防护装置是进入危险区的唯一途径时；当与可控防护装置联用的联锁防护装置有可能达到最高可靠性（因为它的失效可能导致不可预料的意外的启动）时防护装置关闭。

⑥消除由防护装置带来的危险：防护装置的结构（尖角、锐边）与材料等；防护装置的运动（由动力驱动防护装置产生的剪切或挤压区和由可能下落的重型防护装置）带来的危险。

（2）安全装置的技术特性

执行主要安全功能的安全装置应根据设计控制系统的有关原则规定进行设计。安全装置必须与控制系统一起操作并与其相联系使其不会轻易被损坏。安全装置的性能水平应与它们形成一个整体的控制系统相适应。

（3）更换安全防护装置类型的措施

由于在机器上进行的工作会有变化，当已知需要在机器的某一部位上更换安全防护装置的类型时，该部位应备用便于安装的所更换类型的安全防护装置的措施。

二、锅炉安全技术

（一）锅炉基本知识

锅炉（蒸汽发生器）是利用燃料或其他能源的热能把工质（一般为净化后的水）加热到一定参数（温度、压力）的换热设备。

锅炉及锅炉房设备的任务在于安全、可靠、经济、有效地将燃料的化学能转化为热能进而将热能传递给水以产生热水或蒸汽；或将燃料的化学能传递给其他工质（如导热油等）以产生其他高温的工质（如高温导热油）。

通常把用于动力、发电方面的锅炉叫作动力锅炉；把用于工业及采暖方面的锅炉称为供热锅炉也常称为工业锅炉。

与我们相关的化学工业中所使用的锅炉所产生的蒸汽或热水均不需要过高的压力和温度，容量也不太大，压力一般在 2.5 MPa（25 atm）以下，温度一般为饱和蒸汽温度（或有过热但通常过热蒸汽温度在 400 ℃以下）。生产工艺有特殊要求的除外。

1. 锅炉的基本构造和工作过程

锅炉主要是锅与炉两大部分的组合。燃料在炉内进行燃烧将燃料的化学能转变为热能；高温燃烧产物——烟气则通过受热面将热量传递给锅内的工质如水等水被加热—沸腾—汽化产生蒸汽。

锅的基本构造包括锅筒（又叫汽包）、对流管束、水冷壁、上下集箱和下降管等组成一个封闭的汽水系统。炉对于链条炉排锅炉来说包括煤斗、炉排、除渣机、送风装置等；对于火室燃炉来说包括燃烧设备等。

此外为了保证锅炉的正常工作和安全运行蒸汽锅炉还必须装设安全阀、水位表、高低水位报警器、压力表、主汽阀、排污阀、止回阀等安全装置。

2. 锅炉的分类

锅炉的品种及分类方式众多，一般分类概况见表 4–1。

表4–1　锅炉分类表

分类方法	锅炉类型	简要说明
按结构分类	火管锅炉	烟气在火管内流动一般为小容量低参数锅炉热效率较低但构造简单水质要求低维修方便
	水管锅炉	汽、水在管内流动高低参数都有水质要求高

续　表

分类方法	锅炉类型	简要说明
按循环方式分类	自然循环锅炉	具有锅筒利用下降管和上升管中工质密度差产生工质循环只能在临界压力以下工作
	多次强制循环锅炉	具有锅筒和循环泵利用循环回路中的工质密度差和循环泵压头建立工质循环只能在临界压力下工作
	低倍率循环锅炉	具有汽水分离器和循环泵主要循环泵建立工质循环可用于亚临界和超临界压力循环倍率 1.25 ～ 2.0
	直流锅炉	无锅筒给水的水泵压头一次通过受热面产生蒸汽适应于高压和超临界工况
	复合循环锅炉	具有在循环泵锅炉负荷低时按再循环方式负荷高时按直流方式适应于亚临界和超临界压力
按锅炉出口工质压力分类	低压锅炉	压力小于 1.27 MPa（13 atm）
	中压锅炉	压力为 3.82 MPa（39 atm）
	高压锅炉	压力为 9.8 MPa（100 atm）
	超高压锅炉	压力为 13.72 MPa（140 atm）
	亚临界压力锅炉	压力为 16.66 MPa（170 atm）
	超临界压力锅炉	压力大于 22.11 MPa（225.65 atm）
按燃烧方式分类	火床燃烧锅炉	主要用于工业锅炉包括固定炉排炉活动手摇炉排炉抛煤机链条炉、震动炉排炉、下饲式炉排炉和往复炉排炉等燃料主要在炉排上燃烧
	火室燃烧锅炉	主要用于电站锅炉液体燃料、气体燃料和煤粉锅炉燃料主要在炉膛内悬浮燃烧
	旋风炉	有卧式和立式两种燃用粗煤粉或煤屑微粒在旋风筒中央悬浮燃烧较大颗粒贴在筒壁燃烧液态排渣
	沸腾燃烧锅炉	送入炉排的空气流速较高燃煤在炉排上面的沸腾床上沸腾燃烧宜燃用劣质煤主要用于工业锅炉。目前开发了较多大型循环流化床锅炉

3. 锅炉、压力容器安全的重要性

（1）锅炉、压力容器的工作条件

锅炉、压力容器的安全问题之所以特别重要，其一是由于它们是工业生产中被广泛运用的设备品种多、数量大、应用范围广；其二是它们的工作条件属于高温、高压承受了相当高的压力载荷及其他载荷是属于设备制作材料相对强度较小的温度条件容易发生材料破裂损坏的情况；锅炉属于受火直接加热的压力容器锅炉的金属表面一侧要接触烟气、灰尘另一侧要接触水或蒸汽常会发生腐蚀或磨损。与其他设备相比锅炉与压力容器较容易处于超负荷运行。此外锅炉和压力容器需要维持连续运转不能随意停运。因而锅炉、压力容器常有带“病”运行的现象且易把小“病”拖成大“病”的可能。

（2）锅炉、压力容器事故的危害性

锅炉、压力容器一旦发生破裂爆炸不仅仅是设备本身遭到毁坏，而且常常会破坏周围的建筑物和其他设备甚至产生连锁反应酿成灾难性事故。其破坏性主要有以下几个。

①爆炸冲击波的破坏；

②爆炸时产生的碎片的撞击、切割破坏；

③当容器内的介质是水蒸气或其他高温流动介质时会造成严重的烫伤事故；若容器内的介质是有毒物质时它能向周围迅速扩散而造成大面积的毒害区域；若容器内介质为可燃气体或液化气体时则其与空气混合后形成的燃、爆性混合气体可能发生二次火灾、爆炸事故。

因此我国将锅炉压力容器作为特种设备由专门机构对其安全进行监察、监督并制定了相关的规程、规范、技术标准使锅炉压力容器从设计、制造、安装至使用、检验、维修等各个环节都有章可循。

（二）锅炉的安全装置

锅炉、压力容器的安全装置是指保证锅炉、压力容器等安全运行承压容器能够安全运行而装设在设备上的一种附属装置又称安全附件。按其使用性能或用途的不同分为联锁装置、报警装置、计量装置和泄压装置四类。

联锁装置：指为了防止操作失误而设的控制机构如联锁开关、联动阀等。在锅炉上常用的联锁装置有缺水连锁保护装置、熄火联锁保护装置、超压保护装置等。

报警装置：指设备在运行过程中出现不安全因素致使其处于危险状态时能自动发出音响或其他明显报警讯号的仪器如压力报警器、温度监测报警仪、水位报警器等。

计量装置：指能自动显示设备运行中与安全有关的工艺参数的器具如压力表、水位计、温度计等。

泄压装置：设备超压时能自动排放压力的装置如安全阀、爆破片等。

锅炉、压力容器应根据其结构、大小和用途分别装设相应的安全装置。

安全泄压装置是防止锅炉、压力容器超压的一种器具。它的功能是当锅炉、压力容器内的压力超过正常工作压力时能自动开启，将容器内的介质排出去使锅炉、压力容器内的压力始终保持在最高允用压力范围内。

1. 安全泄压的类型

（1）阀型：阀型安全泄压装置就是常用的安全阀。它是通过阀的开启排出内部介质来降低设备内的压力。

（2）断裂型：断裂型安全泄压装置常见的有爆破片。

（3）熔化型：熔化型安全泄压装置就是常用的易熔塞。它是利用装置内低熔点合金在较高的温度下熔化打开通道而泄压的。这种装置的特点是结构简单更换容易，但降压后不能继续使用排放面积小。它只能用于器内压力完全取决于温度的小型容器如气瓶等。

（4）组合型：常见的组合型安全泄压装置是阀型与断裂型的串联组合，它同时具有阀型和断裂型的特点。一般用于介质有剧毒或稀有气体的容器不能用于升压速度极快的反应容器。

2. 锅炉及压力容器中常用的安全装置

（1）安全阀

安全阀是压力容器中最重要的安全附件之一。它的作用是当压力容器中压力超过预定的数值时，安全阀自动开启排气泄压将压力控制在允许的范围之内在泄压的同时发出警报；当压力降到允许值后，安全阀又能自行关闭保证压力容器在允许的工作压力范围内继续运行。装置本身能重复使用多次安装调整也比较容易，但它的密封性能较差泄压反应较慢且阀口有被堵塞或阀瓣有被粘住的可能。安全阀适用于介质比较纯净的中、低压压力容器不宜用于介质具有剧毒性的设备和器内压力有可能急剧升高的设备。使用于有毒、易燃介质的压力容器应有对其泄压所释放的气体的安全处置措施防止发生危害。

（2）爆破片

爆破片又称防爆片、防爆膜。爆破片是一种断裂型安全泄压装置它通过爆破片的断裂来排放气体。爆破片装置由爆破片本身和相应的夹持器组成。泄压后爆破片不能继续使用容器也得停止运行。由于它只能一次性使用所以其应用不如安全阀广泛，只用在安全阀不宜使用的场合或者作为安全阀的补充。当作为安全阀的补充使用时，可保证在安全阀失效时通过爆破片来保证安全。爆破片都有一定的使用期限，其使用期限会因容器的工作条件及周边环境的影响而变化。为保证安全到期的爆破片需及时更换。这种装置的特点是密封性能较好泄压反应较快，断裂型泄压装置适用于介质有剧毒的容器和器内因化学反应使压力急剧升高的容器不宜用于液化气体贮罐。

（3）压力表

压力表是显示压力容器系统中压强大小的仪表。严密监测压力容器的受压情况是把容器的压力控制在允许范围之内的重要保证，是实现安全运行的基本条件和基本要求。

①压力表的选用：压力表的精度主要取决于锅炉的压力。对于额定蒸汽压力 2.5 MPa 的锅炉压力表精确度不应低于 2.5 级；对于额定蒸汽压力大于或等于 2.5 MPa 的锅炉压力表精确度不应低于 1.5 级。

压力表的量程应与锅炉的工作压力相适应。一般为工作压力的 1.5 ～ 3 倍之间。压力表的表盘直径应保证司炉人员能清楚地看到压力指示值表盘直径不小于 100 mm。

②压力表的维护：压力表应保持洁净表盘上的玻璃应明亮清晰使表盘内指针指示的压力值能被清楚和容易地看到。

经常检查压力表指针的转运和波动是否正常检查压力表的连接管是否有漏水、漏汽现象。

压力表每半年至少校验一次校验应符合国家计量部门的有关规定。压力表校验后应用封印并注明下次校验时期。

压力表的连接管要定期吹洗以免堵塞。

如发现压力表存在下列情况之一时应停止使用：有限止钉的压力表在无压力时指针转运后不能回到限止钉处；没有限止钉的压力表在无压力时指针离零位的数值超过压力表规定的允许误差；表面玻璃破碎或表盘刻度模糊不清；封印损坏或超过校验有效期；表内泄漏或指针跳动。

（4）水位表（液位计）

水位表是用来显示锅炉锅筒内水位高低的仪表。锅炉操作人员可以通过水位表观察并相应调节水位防止发生锅炉缺水或满水事故。

①水位表的型式：水位表的结构型式有很多种，蒸汽锅炉通常装设较多的是玻璃管式和玻璃板式两种。对上锅筒位置较高的锅炉还应加装远程水位显示装置。

②水位表的安全技术要求：一般每台锅炉至少应装两个彼此独立的水位表。水位表的结构和装置应符合下列要求。

——在水位表和锅筒之间的汽水连接管上应装有阀门并在锅炉运行中阀门必须处于全开位置。

——水位表和锅筒之间的汽水连接管内径应符合规定要求以保证水位表的灵敏准确。

③水位表的维护：经常保持水位表清洁明亮使操作人员能清晰地观察到其显示的水位；经常冲洗水位表；水位表的汽水旋塞应保证严密不泄漏。

盛装液化气体的储运容器包括大型球形储罐、卧式储槽和槽车等以及液体蒸发用换热器都应装设液位计，以防止器内因满液而发生液体膨胀导致液面上气体压缩空间不足容器发生超压事故。压力容器常用的液面计有玻璃管式和平板玻璃式两种。

对承压低的容器可选用玻璃管式液位计；而承压高的容器应选用平板玻璃液位计。对于洁净或无色透明的液体可选用透光式玻璃板液位计；对非洁净或稍有色泽的液体可选用反射式玻璃板式液位计；盛装 0 ℃以下介质的压力容器应选用防霜液位计。对盛装易燃易爆或毒性程度为极度、高度危害介质的液化气体的容器，应采用玻璃平板式液位计或自动显示液面指示计并应有防止液位计泄漏的保护装置。

（三）锅炉运行的安全管理

（1）日常维护保养及定期检验

加强对设备的日常维护保养和定期检验提高设备完好率。

（2）锅炉房

锅炉一般应装在单独建造的锅炉房内与其他建筑物的距离符合安全要求；锅炉房每层至少应有两个出口分别设在两侧。锅炉房内工作室或生活室的门应向外开。

（3）使用登记及管理

使用锅炉的单位必须办理锅炉使用登记手续并设专职或兼职管理人员负责锅炉房管理工作。司炉人员、水质化验人员必须经培训考核持证上岗。建立健全各项规章制度如岗位责任制、交接班制度、安全操作制度、巡回检查制度、设备维护保养制度、水质管理制度、清洁卫生制度等。建立完善的锅炉技术档案做好各项记录。

（4）保证锅炉经济运行

在锅炉运行过程中必须定期对其运行工况进行全面的监测了解各项热损失的大小，及时调整燃烧工况将各项热损失降至最低。

（5）在遇到下列情况时应立即停炉

①锅炉水位低于水位表下部最低可见边缘或不断加大给水及采取其他措

施时水位仍然下降。

②锅内水位超过最高可见水位经放水仍不能见到水位。

③给水泵全部失效或水系统故障不能向锅内进水。

④水位表或安全阀全部失效。

⑤设置在蒸汽空间的压力表全部失效。

⑥锅炉元件损坏且危及运行人员安全。

⑦燃烧设备损坏炉墙倒塌或锅炉构架被烧红等严重威胁锅炉安全运行。

⑧其他异常情况危及锅炉安全运行。

（四）锅炉的安全检验与监督

1. 锅炉的安全检验

（1）在锅炉的运行过程中应不定期地检查锅炉的安全附件是否灵敏可靠、辅机运行是否正常、本体的可见部分有无明显缺陷。

（2）每 2 年对运行的锅炉进行一次停炉检验重点检验锅炉受压元件有无裂纹；腐蚀、变形、磨损；各种阀门、胀孔、铆缝处是否有渗漏；安全附件是否正常、可靠；自动控制、讯号系统及仪表是否灵敏可靠等。

（3）每 6 年对锅炉进行一次水压试验，检验锅炉受压元件的严密性和耐压强度。新装、迁装、停用 1 年以上需恢复运行的锅炉以及受压元件经过重大修理的锅炉也应进行水压试验。水压试验前应先进行内外部检验。

2. 锅炉正常运行过程中的安全调节

（1）水位的调节

锅炉在正常运行中应保持水位在水位表中高、低水位线之间可以有轻微波动。负荷低时水位稍高；负荷高时水位稍低。在任何情况下锅炉的水位不应降低至最低水位线及以下部位或上升到最高水位线以上。水位过高会降低蒸汽品质，严重时甚至造成蒸汽管道内发生水击现象。水位过低会使受热面过热金属强度降低导致被迫紧急停炉甚至引起锅炉爆炸。

水位调节一般是通过改变给水调节阀的开度来实现的。为对水位进行可靠的监督锅炉运行中要定时冲洗水位表一般每班冲洗 2 ～ 3 次。

（2）汽压的调节

汽压的波动对安全运行的影响很大超压则更危险。蒸汽压力的变动通常是由负荷变动引起的。当外界负荷突减小于锅炉蒸发量而燃料燃烧还未来得及减弱时蒸汽压就上升；当外界负荷突增大于锅炉蒸发量而燃烧尚未加强时蒸汽压就下降。因此对汽压的调节就是对蒸发的调节而蒸发量的调节是通过燃烧和

给水调节来实现的。

（3）汽温的调节

锅炉的蒸汽温度偏低蒸汽做功能力降低蒸汽消耗量增加经济效益减小甚至会损坏锅炉和用汽设备。过热蒸汽温度过高会使过热器管壁温度过热从而降低其使用寿命。严重超温甚至会使管道过热而破裂。因此在锅炉运行中蒸汽温度应控制在一定的范围内。

（4）燃烧的监督调节

燃烧是锅炉工作过程的关键。对燃烧进行调节就是使燃料燃烧工况适应负荷的要求以维持蒸汽压力的稳定；使燃烧正常保持适量过剩空气系数降低排烟损失和减小未完全燃烧损失；调节送风量和引风量保持炉膛一定的负压以保证锅炉安全运行和减少排烟及未完全燃烧损失。

正常的燃烧工况是指锅炉达到额定参数不产生结焦和设备的烧损；用火稳定炉内温度场和热负荷分布均匀。外界负荷变动时应对燃烧工况进行调整使之适应负荷的要求。调整时应注意风与燃料增减的先后次序、风与燃料的协调及引风与送风的协调。

三、压力容器安全技术

在化工生产中普遍使用的塔、釜、罐、槽等大多数属于压力容器的范畴，这些设备具有各种各样的形式和结构，从几十升的瓶、罐至石油化工中数万立方米的球形容器或高达上百米的塔式容器和反应器，这些容器的工作环境复杂、作用重要、危险性大。因此加强压力容器的安全管理是实现现代化工安全生产的重要环节之一。

压力容器是一种能承受压力载荷的密闭容器，它的主要作用是用以贮存、运输被压缩的气体或液化气体或者当这些气体、液化气体作为反应介质及传热、传质的媒介时为其提供一个密闭的空间。目前我国纳入安全监管范围的压力容器是指压力和容积达到一定数值的容器需具备以下 3 个条件：

①最高工作压力 $p \geqslant 0.1$ MPa（表压）；

②管、筒状容器的内直径 $D \geqslant 0.15$ m 且容积 $V \geqslant 0.25$ m^3；

③盛装介质为气体、液化气体或最高工作温度高于等于其标准沸点的液体。

（一）压力容器的分类

由于压力容器的品种、性质和用途各异因此压力容器有不同的分类方法。

1. 按工作压力分类

（1）低压容器（代号 L）（0.1 MPa ≤ p ≤ 1.6 MPa）：多用于化工、机械制造、冶金采矿等行业。

（2）中压容器（代号 M）（1.6 MPa ≤ p ≤ 10 MPa）：多用于石油化工。

（3）高压容器（代号 H）（10 MPa ≤ p ≤ 100 MPa）：主要用于合成氨工业及部分石油化工。

（4）超高压容器（代号 U）（P ≥ 100 MPa）：主要应用于高分子聚合设备等。

一般情况下中、低压容器大多是薄壁容器高压、超高压容器往往是厚壁容器。

2. 按在生产工艺过程中的作用原理分类

按在生产工艺过程中的作用原理压力容器可分为以下四种。

（1）反应容器（代号 R）：主要用来完成工作介质的物理、化学反应的容器称为反应容器。如反应器、发生器、聚合釜、合成塔、变换炉等。

（2）换热容器（代号 H）：主要用来完成介质的热量交换的容器称为传热容器。如热交换器、冷却器、加热器、硫化罐等。

（3）分离容器（代号 S）：主要用来完成介质的流体压力平衡、气体净化、分离等的容器称为分离容器。如分离器、过滤器、集油器、储能器、缓冲器、洗涤塔、干燥器等。

（4）储运容器（代号 C，球罐代号为 B）：主要用来盛装生产和生活用的原料气体、液体、液化气体的容器称为储运容器。如储槽、储罐、槽车等。

3. 按压缩器内的介质分类

为了有利于安全技术管理和监督检查，原国家劳动总局颁发了《压力容器安全监察规程》。其中规定压力容器按介质的有毒、剧毒和易燃等性质及在生产过程中的主要作用综合地将压力容器分为以下三类。

（1）剧毒介质：是指进入人体的量小于 50 g 即会引起肌体严重损伤或致死作用的介质如氟、氢氟酸、光气、碳酰氟等。

（2）有毒介质：是指进入人体的量≥ 50 g 即会引起人体正常功能损伤的物质如二氧化硫、氨气、一氧化碳、氯乙烯、甲醇、环氧乙烷、二硫化碳、硫化氢等。

（3）易燃介质：是指与空气混合时其爆炸极限的下限小于 10% 或其上、下限之差大于 20% 的介质如乙烷、乙烯、氢气、一甲胺、甲烷、氯甲烷、环丙烷、丁烷、丁二烯等。

4. 按压力容器的壁温分类

由于在不同的场合各种化工生产或其他过程需要在不同的温度和压力下进行，而温度的变化将使制造压力容器的材料的性能发生很大的变化，因此压力容器的使用温度也常被用作容器分类的依据。根据压力容器的工作温度常把压力容器分为以下几类。

（1）常温容器：壁温在 –20 ℃～ 200 ℃条件下工作的容器。

（2）高温容器：壁温达到或超过材料承受温度条件下工作的容器。如对碳索钢或低合金钢当壁温超过 420 ℃时，合金钢壁温超过 450 ℃时奥氏体不锈钢壁温超过 530 ℃时的容器均属高温容器。

（3）中温容器：壁温介于常温和高温之间的容器。

（4）低温容器：容器的壁温低于 –20 ℃条件下工作的容器。其中壁温在 –20 ℃～ –40 ℃之间的称为浅冷容器壁温低于 –40 ℃者称为深冷容器。

5. 按危险性和危害性分类

从安全监察的角度将压力容器按照其危险性和危害性进行分类，综合考虑设计压力的高低、容器内介质的危险性大小、反应或作用过程的复杂程度以及一旦发生事故的危害性大小把压力容器分为 3 类。

（1）第 1 类容器：非易燃或无毒介质的低压容器、易燃或有毒介质的低压传热容器和分离容器属于第 1 类压力容器。

（2）第 2 类容器：任何介质的中压容器；剧毒介质的低压容器；易燃或有毒介质的低压反应容器和储运容器；低压管壳式余热锅炉；低压搪瓷压力容器等属于第 2 类压力容器。

（3）第 3 类容器：高压、超高压容器；$PV \geqslant 10\ \mathrm{MPa \cdot m^3}$ 的剧毒介质低压容器和剧毒介质的中压容器；$PV \geqslant 0.5\ \mathrm{MPa \cdot m^3}$ 的易燃或有毒介质的中压反应容器；$PV \geqslant 5\ \mathrm{MPa \cdot m^3}$ 的中压储运容器以及中压废热锅炉和内径大于 1 m 的低压废热锅炉；$PV \geqslant 0.2\ \mathrm{MPa \cdot m^3}$ 的具有极高毒性和高度危害的介质；容积大于 5 m^3 的球形储罐；容积大于 5 m^3 的低温贮存容器；移动式压力容器包括铁路罐车、罐式汽车和罐式集装箱等属于第 3 类压力容器。

当压力容器中的介质为混合物时，应以介质的组分并按上述毒性程度或易燃介质的划分原则，由设计单位的工艺部门或使用单位的生产技术部门提供介质毒性程度和是否属于易燃介质的依据；无法提供依据时按毒性危害程度或爆炸程度最高的介质确定。

（二）压力容器安全运行及影响因素

1. 压力容器安全操作的一般要求

①压力容器操作人员必须持证上岗并定期接受专业培训与安全教育。

②压力容器操作人员要熟悉本岗位的工艺流程熟悉容器的类别、结构、主要技术参数和技术性能；严格按操作规程操作掌握一般事故的处理方法认真填写操作记录。

③严格控制工艺参数严禁容器超温、超压运行，随时检查容器安全附件的运行情况保证其灵敏可靠。

④平稳操作容器运行期间还应尽量避免压力、温度的频繁和大幅度波动。

⑤容器内有压力时不得进行任何修理。对于特殊的生产工艺过程需要带温、带压紧固螺栓、出现紧急泄漏情况需进行带压堵漏时使用单位必须按设计规定制定有效的操作密闭防护措施。

⑥容器运行期间的巡回检查及时发现操作中或设备上出现的不正常状态并采取相应措施进行调整或消除。巡回过程中要密切注意液位、压力、温度是否在允许范围内，是否存在介质泄漏现象设备的本体，是否有肉眼可见的变形等发现异常情况立即采取措施并报告。

⑦正确处理紧急情况。

2. 运行工艺参数的控制

每台容器都有特定的设计参数，如最大工作压力、最高最低承受温度、最大容积和有效容积、液位限制、介质腐蚀等。压力容器的运行过程中其工作条件必须满足设计参数的限制要求不得超限运行。

（1）压力和温度的控制

压力和温度是压力容器使用过程中的两个主要参数。压力的控制要点是控制容器的操作压力不超过最高工作压力；如经过检验认定压力容器不能按铭牌上的最高工作压力运行的容器，应按专业检验单位所限定的最高工作压力范围内使用防止压力过高使用。

由于材料的强度会随温度的升高而降低而在低温下材料表现出的主要缺陷是脆性增大。所以温度的控制主要是控制其极端的工作温度。高温下使用的压力容器主要是控制介质的最高温度并保证器壁温度不高于其设计温度以保证容器材料的强度。低温下使用的压力容器主要控制介质的最低温度达到器壁温度在设计温度低限以上防止容器材料的脆性破裂。

某些体系如气体或气液平衡系统其压力与温度是密切相关的，压力随温

度的升高而增大，因此控制容器中介质的温度对保证压力容器的安全运行起着决定性的作用。例如在水与其蒸汽的平衡体系中，当发生热平衡失控时，随着温度的升高其压强将迅速增大可能导致严重的事故发生。水的饱和蒸汽压力与温度的关系见表 4–2。

表4–2　水的饱和蒸汽压力与温度的关系

温度/℃	100	110	120	130	140	150	160	170	180	190	200
压强/kPa	101.3	143.2	198.5	270.0	361.2	475.7	617.7	719.5	1 002	1 254	1 554

（2）液位控制

液位控制主要是针对液化气体介质的容器和部分反应容器而言。盛装液化气体的容器应严格按照规定的充装系数充装，以保证在设计温度下容器内有足够的气相空间防止温度升高，过程中因容器内的气相空间不足使气体压强过大造成事故；反应容器则需通过控制液位来实现控制反应速率和防止副反应的产生。

（3）介质腐蚀性的控制

当压力容器中盛装有腐蚀性介质时要防止容器的腐蚀，首先应在设计时根据介质的腐蚀性及容器的使用温度、使用压力选择合适的材料并规定一定的使用寿命。同时也应该注意到在操作过程中介质的工艺条件对容器的腐蚀有很大的影响。因此必须严格控制介质的成分、流速、温度、水分、杂质含量及酸碱度等工艺指标以减小腐蚀速率、延长使用寿命。

（4）交变载荷的控制

压力容器在反复变化的载荷作用下会因介质压强的变化而产生不同的形变从而发生材料的疲劳破坏。为了防止容器发生疲劳破坏就容器使用过程中的工艺参数控制而言应尽量使压力、温度的升降平稳尽量避免突然的开、停车避免不必要的频繁加压和卸压使操作工艺指标稳定。对于高温压力容器应尽可能减缓温度的突变以降低热应力。

3. 压力容器运行中的检查

压力容器的使用安全与其维护保养工作密切相关。做好容器的维护保养工作使容器在完好状态下运行对于防患于未然、提高容器的使用效率、延长容器使用寿命是十分必要的。

（1）容器运行期间的维护保养

①保持完好的防腐层。化工生产过程中许多介质都具有一定的腐蚀性，尤其是在高温高压条件下这些介质的腐蚀能力更强。当工艺介质对容器材料有腐蚀性时通常采用防腐蚀层来防止介质对器壁的腐蚀如涂层、搪瓷、各种衬里等。防腐层一旦损坏，介质直接接触器壁局部会加速腐蚀，将产生严重的后果。因此要经常检查防腐层有无自行脱落检查衬里是否开裂或焊缝处有无渗漏现象。发现防腐层损坏时即使是局部损坏也应该经过修补等妥善处理后才能继续使用。

②对于有保温层的压力容器要检查保温层是否安好防止容器壁裸露。

③维护保养好安全装置。容器的安全装置是防止其发生超压事故的重要保证之一，应使它们处于灵敏准确、使用可靠状态。因此必须在容器运行过程中按照有关规定加强维护保养。

④减少或消除容器的震动。容器的震动对其正常使用有很大影响，当发现容器有震动时应及时查找原因采取措施如隔离震源、加强支撑装置等以消除或减轻容器的震动。

⑤彻底消除“跑”“冒”“滴”“漏”现象。压力容器的连接部位及密封部位由于磨损或连接不良、密封损坏等原因经常会产生各种泄漏现象。

（2）容器停用期间的维护保养

对长期停用或临时停用的压力容器也应加强维护保养工作。停用期间保养不善的容器所受到的腐蚀等损害往往比使用过程中更加严重。在化工生产中因压力容器在停用期间保养维护工作不到位而造成严重事故的情况是屡见不鲜的。

停止运行的容器尤其是长期停用的容器一定要将内部介质排放干净清除内壁所粘附的污垢、附着物和腐蚀性物质。对于腐蚀性介质排放后还需经过置换、清洗、吹干等技术处理使容器内部保持干燥和洁净，同时要保持容器表面的清洁并保持容器及周围环境的干燥。此外要保持容器外表面的防腐油漆等完好无损。有保温层的容器还要注意保温层下的防腐、干燥和支座处的防腐。

（三）压力容器的定期检验制度

1. 压力容器的定期检验周期

压力容器定期检验制度是安全生产的重要保证压力容器的检验周期应根据容器的技术状况、使用条件来确定。《压力容器安全技术监察规程》将压力容器的定期检验分为外部检查、内外部检查和耐压试验。其检验周期具体规定如下。

①外部检查：是指在用压力容器运行中的定期在线检查每年至少一次。

②内外部检查：是指在用压力容器停机时的检查其检验周期分为安全状况等级为 1、2 级的每隔 6 年至少一次，安全状况等级为 3、4 级的每 3 年至少一次。

③耐压试验：是指压力容器停机检验时所进行的超过最高工作压力的液压或气压试验。对固定式压力容器每二次内外部检验期间内至少进行一次耐压试验对移动式压力容器每 6 年至少进行一次耐压试验。

2. 压力容器定期检验内容

（1）外部检查的内容

①压力容器本体检查。

②外表面腐蚀情况检查。

③压力容器保温层的检查。

④容器与相邻管道或构件的检查。

⑤容器安全附件检查。

⑥容器支座或基础的检查。

除上述内容外，外部检查中还要对容器的排污、疏水装置进行检查；对运行容器稳定情况进行检查；安全状况等级为 4 级的压力容器还要检查其实际运行参数是否符合监控条件。对盛装腐蚀性介质的压力容器，若发现容器外表面出现大面积油漆剥落局部有明显腐蚀现象应对容器进行壁厚测定。

外部检查工作可由检验单位有压力容器检验员资格的人员进行，也可由经过安全监察机构认可的使用单位的压力容器专业人员实施。

（2）内外部检查的内容

内外部检查的目的是尽早发现容器内外部所存在的缺陷，包括在本次运行中新产生的缺陷以及原有缺陷的发展情况，以确定容器能否继续运行和为保证容器安全运行所必须采取的相应措施。主要内容如下。

①外部检查的全部内容。

②容器的结构检查重点

a. 简体与封头的连接方式是否合理；

b. 是否按规定开设了人孔、检查孔、排污孔等，开孔处是否按规定进行补强处理；

c. 焊缝布置情况如焊缝有无交叉、焊缝间距离是否过小；

d. 支座与支承型式是否符合条例安全要求等。

在需要的情况下应对可能造成局部应力集中的部位做进一步的检查如表

面探伤。采用射线探伤或超声波探伤可查清表面或焊缝内部是否存在缺陷。

③几何尺寸检查。对运行中可能发生形状变化的容器部分需重点进行尺寸检查。

④表面缺陷检查。测定腐蚀与机械损伤的深度、直径、长度及其分布并标图记录。对非正常的腐蚀应查明原因。对于内表面的焊缝应以肉眼或5～10倍放大镜检查裂纹、应力集中部位、变形部位、钢焊接部位、补焊区、电弧操作处对于各易产生裂纹的部位应重点检查。

⑤壁厚测定。选择具有代表性的部位进行测厚，如液位经常波动部位、易腐蚀、冲蚀部位、制造成型时壁厚减薄部位和使用中产生的变形部位；表面缺陷检查时发现的可疑部位。

⑥材质检查。应考虑两项内容：一项是压力容器的选材（材料的种类和牌号）是否符合有关标准和规范的要求；另一项是经过一定时间的使用后材质变化（劣化）后是否还能满足使用要求。

⑦焊缝埋藏缺陷检查。通过射线探伤或超声波探伤抽查确定焊缝内部是否存在以下缺陷：制造中焊缝经过以上返修或使用过程中曾经补焊过的部位；检验时发现焊缝表面裂纹的部位、错边及棱角度严重超标的部位；使用中出现焊缝泄漏的部位。

⑧安全附件和紧固件检查。对安全阀、紧急切断阀等要进行解体检查、修理和调整必要时还需进行耐压试验和气密性试验；按规定校验安全阀的开启压力、回座压力；爆破片应按有关规定进行定时更换。对高压螺栓应逐个清洗检查其操作和裂纹情况。

（3）耐压测试

耐压试验的目的是检验容器受压部件的结构强度验证是否具有设计压力下安全运行所需要的承压能力，同时通过试验可检查容器各连接处有无渗漏检验容器的严密性。压力容器内外部检验合格后按检验方案的要求或根据被检验容器的实际情况还要考虑进行必要的耐压试验。根据压力容器使用状（工）况、安装位置等具体情况由检验人员确定液压试验或气压试验。试验条件按相关标准规范进行。

（四）压力容器的安全附件

压力容器的安全附件专指为了使压力容器能够安全运行而装设在设备上的一种附属装置。常用的安全泄压附件有安全阀、爆破片；计量显示附件有压力表、液面计等。

1. 安全装置的设置原则

（1）凡《压力容器安全技术监察规程》适用范围内的专用压力容器均应装设安全泄压装置。在常用的压力容器中必须单独装设安全泄压装置的有以下6种：

①液化气体贮存容器；

②压气机附属气体贮罐；

③容器内进行放热或分解等化学反应能使压力或温度升高的反应容器；

④高分子聚合设备；

⑤由载热物料加热使容器内液体蒸发汽化的换热容器；

⑥用减压阀降压后进气且其允许压力低于压力源设备时的容器。

（2）若容器上的安全阀安装后不能可靠地工作应装设爆破片或采用爆破片与安全阀组合的结构。

（3）压力容器最高工作压力低于压力源压力时在通向压力容器进行的管道上必须装设减压阀；如因介质条件影响到减压阀可靠地工作时可用调节阀代替减压阀。在减压阀或调节阀的低压侧必须装设安全阀和压力表。

2. 安全阀。安全阀是一种由进口静压开启的自动泄压阀门，它依靠介质自身的压力排出一定数量的流体介质，以防止容器或系统内的压力超过预定的安全值。当容器内的压力恢复正常后，阀门自行关闭，并防止介质继续排出。安全阀分全启式安全阀和微启式安全阀。根据安全阀的整体结构和加载方式可以分为静重式、杠杆式、弹簧式和先导式4种。

3. 爆破片。爆破片装置是一种非重闭式泄压装置，由进口静压使爆破片受压爆破而泄放出介质，以防止容器或系统内的压力超过预定的安全值。

爆破片又自然数为爆破膜或防爆膜，是一种断裂型安全泄放装置。与安全阀相比，它具有结构简单、泄压反应快、密封性能好、适应性强等特点。

4. 安全阀与爆破片装置的组合。安全阀与爆破片装置并联组合时，爆破片的标定爆破压力不得超过容器的设计压力。安全阀的开启压力应略低于焊破片的标定爆破压力。

5. 安全阀与爆破片装置的组合。安全阀与爆破片装置并联组合时，爆破片的标定爆破压力不得超过容器的设计压力。安全阀的开启压力应略低于焊破片的标定爆破压力。

四、气瓶安全技术

气瓶属于移动式的压力容器气瓶在化工行业中的应用广泛。由于气瓶经常装载易燃易爆、有毒有害及腐蚀性等危险介质其压力范围遍及高压、中压、低压。因此气瓶除了具有一般固定式压力容器的特点外在充装、搬运和使用方面还有一些特殊的要求。如气瓶在移动、搬运过程中易发生碰撞而增加瓶体爆炸的危险；气瓶经常处于贮存物的罐装和使用的交替过程中即处于承受交变载荷状态；气瓶在使用时一般与使用者之间无隔离或其他防护措施。所以要保证气瓶的安全使用除了要求符合压力容器的一般要求外还有一些专门的规定的要求。

（一）气瓶概述

1. 气瓶的定义

正常环境温度下使用的、公称压力大于或等于 0.2 MPa（表压）且压力与容积的乘积大于或等于 1.0 MPa · L 的盛装气体、液化气体和标准沸点等于或低于 60 ℃的液体的气瓶。

2. 气瓶分类

①永久气体气瓶：临界温度小于 −10 ℃的物质在常温情况下总是以气体状态存在不能被压缩成液体称为永久性气体。盛装永久性气体的气瓶称为永久气瓶如盛装氧气、氮气、空气、氢气等的气瓶。

②高压液化气体气瓶：临界温度 T 在 −10 ～ 70 ℃之间的为高压液化气体，如盛装二氧化碳、氧化亚氮、乙烷、乙烯、氯化氢等高压液化气体的气瓶。高压液化气体在环境温度下可能呈气液两相状态也可能完全呈气态因而也要求以较高压力充装。如二氧化碳在低于临界温度（31.1 ℃）时压力为其饱和蒸汽压，此时保持气液两相平衡高于此临界温度时只存在气相无论压力多大都不会有液相出现。这类气瓶也要较高的充装压力。常用的标准压力有 8 MPa 和 12 MPa。

③低压液化气体气瓶：临界温度大于 70 ℃的物质为低压液化气体。盛装低压液化气体的气瓶称为低压液化气瓶如盛装液氯、液氨、丙烷、丁烷及液化石油气体的气瓶。在环境温度下低压液化气体处于气液两相共存的状态其气态的压力是相应温度下该气体的饱和蒸汽压。按最高工作温度为 60 ℃考虑所有低压液化气体和饱和蒸汽压均在 5 MPa 以下因此这类气体可用较低压力充装其标准压力系列为 1.0 MPa、2.0 MPa、3.0 MPa 和 5.0 MPa。

④溶解气体气瓶：专指盛装乙炔的特殊气瓶。乙炔气体极不稳定尤其在高压下易发生爆炸不能像其他气体一样以压缩状态装入瓶内而是将其溶解于丙酮溶剂中。瓶内装满多孔性物质用作吸收剂。溶解气体气瓶的最高工作压力一般不超过 3.0 MPa。

（二）气瓶的安全附件

气瓶的安全附件有安全泄压装置、瓶帽、瓶阀和防震圈。

1. 安全泄压装置

气瓶的安全泄压装置是为了防止气瓶在遇到火灾等特殊高温时瓶内气体受热膨胀而导致气瓶超压发生破裂、爆炸。其类型有爆破片、易熔塞及复合装置。

①爆破片装在瓶阀上其爆破压力略高于瓶内气体的最高温度的压力。爆破片多用于高压气瓶上有的气瓶不装爆破片。《气瓶安全监察规程》对是否必须装设爆破片未做明确规定。气瓶装设爆破片有利有弊一些国家的气瓶不采用爆破片这种安全泄压装置。

②易熔塞一般装在低压气瓶的瓶肩上，当周围环境温度超过气瓶的最高使用温度时易熔塞的易熔合金熔化瓶内气体排出避免气瓶爆炸。目前使用的易熔塞装置的动作温度有 100 ℃和 70 ℃两种。

③爆破片—易熔塞复合装置主要用于对密封性能要求特别严格的气瓶。这种装置由爆破片与易熔塞串联而成易熔塞装设在爆破片排放的一侧。

2. 其他附件

气瓶的其他附件有防震圈、瓶帽、瓶阀。

①气瓶防震圈：气瓶装有两个防震圈是气瓶瓶体的保护装置。气瓶在充装、使用、搬运过程中常常会因滚动、振动、碰撞而损伤瓶壁以致发生脆性破坏。这是气瓶发生爆炸事故常见的一种直接原因。同时气瓶防震圈对气瓶表面的漆膜也有很好的保护作用。

②瓶帽：瓶帽是瓶阀的防护装置，它可避免气瓶在搬运过程中因碰撞而损坏瓶阀保护出气口螺纹不被损坏防止灰尘、水分或油脂等杂物落入阀内。瓶帽按其结构形式可分为拆卸式和固定式两种。为了防止由于瓶阀泄漏或由于安全泄压装置动作造成瓶帽爆炸在瓶帽上要开有两个对称的排气孔。

③瓶阀：瓶阀是控制气体出入的装置一般是用黄铜或钢制造。充装可燃气体的钢瓶的瓶阀其出气口螺纹为左旋；盛装助燃气体或惰性气体的气瓶其出气口螺纹为右旋。瓶阀的这种结构可有效地防止可燃气体与非可燃气体的错装而发生的事故。

（三）气瓶的颜色和标记

为了便于区分气瓶的充装介质及对气瓶进行安全管理气瓶采用颜色标记和钢印标记。

1. 气瓶的颜色标记

气瓶颜色标记是指气瓶外表面的瓶色、字样、字色和色环。气瓶喷涂标记的目的主要是从颜色上能迅速地辨别出盛装某种气体的气瓶和瓶内气体的性质（可燃性、毒性）避免错装和错用同时也防止气瓶外表面生锈。常见气体气瓶的颜色标记见表 4–3。

表4–3　常见气体气瓶的颜色标记

气体名称	气瓶底色	字样	字色	色环
氧气	淡酞蓝（天蓝）	氧	黑色	白
氢气	淡绿色	氢	大红	黄
氨气	淡黄	液氨	黑色	—
空气	黑色	氧	白色	白
氮气	黑色	氮	淡黄	白
氯气	深绿	液氯	白	—
溶解乙炔	白	乙炔不可近火	大红	—
二氧化碳	铝白	液化二氧化碳	黑色	黑
液化石油气	银灰	液化石油气	大红	—

对高压气瓶如氧气、氮气等一条色环表示充装压力为 20 MPa 二条色环为 30 MPa。对二氧化碳气体通常充装压力为 10 MPa 以下当温度超过临界温度充装压力超过 20 MPa 时应加注一条黑色色环标记。

2. 气瓶钢印标记

气瓶的钢印标记包括制造单位钢印标记和定检标记两类。

①制造钢印：是气瓶的原始标志由制造单位打铳在气瓶肩部、简体、瓶阀护罩上的有关设计、制造、充装、使用、检验等技术参数的印章钢印标记上的项目有气瓶制造单位代号、气瓶编号、公称工作压力、实际重量、实际容积、瓶体设计壁厚、制造年月等。

②定检钢印：是气瓶定期检验后由检验单位打铳在气瓶肩部、简体、瓶阀护罩上或打铳在套于瓶阀尾部金属检验标记环上的印章。检验钢印标记上还应按年份涂检验色标。

（四）气瓶的安全管理

1. 气瓶重装的安全管理

（1）对气瓶充装单位的管理要求

①气瓶充装单位必须持有省级质监部门核发的《气瓶充装许可证》其有效期为 4 年。

②建有与所充装气体种类相适应的能够确保充装安全和充装质量的管理体系和各项管理制度。

③有熟悉气瓶充装安全技术的管理人员和经过专业培训的气瓶检验员、操作人员。

④应有与充装气体相适应的场所、设施、装备和检测手段。

（2）充装前的准备

①气瓶的原始标志是否符合标准和规程的要求钢印字迹是否清晰可辨。

②气瓶外表面的颜色和标记（包括字样、字色、色环）是否与所装气体的规定标记相符。

③气瓶内有无剩余压力如有余气应进行定性鉴别以判定剩余气体是否与所装气体相符。

④气瓶外表面有无裂纹、严重腐蚀、明显变形及其他外部损伤缺陷。

⑤气瓶的安全附件是否齐全、可靠和符合安全要求。

⑥气瓶瓶阀的出口螺纹型式是否与所装气体的规定螺纹相符。

（3）禁止充气的气瓶

在充装前的检查中发现气瓶具有下列情况之一时应禁止对其进行充装。

①气瓶是由不具有“气瓶制造许可证”的单位生产的。

②颜色标记不符合《气瓶颜色标记》的规定或严重污损、脱落、难以辨认的。

③瓶内无余气的。

④超过规定的检验期限的。

⑤附件不全、损坏或不符合规定的。

⑥氧气瓶或强氧化性气体气瓶的瓶体或瓶阀上沾有油脂。

⑦原始标记不符合规定或钢印标志模糊不清无法辨认的。

（4）气瓶的重装量

为了使气瓶在使用过程中不同环境温度升高而造成超压必须对气瓶的充装量进行严格控制。

①永久性气体气瓶的充装量是以充装温度和压力确定的其确定的原则是：气瓶内的压力在基准温度（20 ℃）下应不超过其公称的工作压力；在最高使用温度（60 ℃）下应不超过气瓶的许用压力。

②高压液化气体气瓶充装量的确定原则是：保证瓶内气体在气瓶最高使用温度（60 ℃）下所达到的压力不超过气瓶的许用压力，因充装时是液态故只能以它的充装系数（气瓶单位容积内充装气体的质量）来计量。

③低压液化气体气瓶充装量的确定原则是：气瓶内所装入的介质即使在最高使用温度（60 ℃）下也不会发生瓶内满液，也就是控制的充装系数不大于所装介质在气瓶最高使用温度下的液体密度，即不大于液体介质在 60 ℃时的密度。

④乙炔气瓶的充装压力在任何情况下不得大于 2.5 MPa。

2. 气瓶的安全使用与维护

①气瓶使用时一般应立放并应有防止倾倒的措施。

②使用氧气或氧化性气体气瓶时，操作者的双手、手套、工具、减压器、瓶阀等，凡有油脂的必须脱脂完全后方能操作。

③开启或关闭瓶阀时，速度要缓慢且只能用手或专用扳手，不准使用锤子、管钳或长柄螺纹扳手。

④每种气体要有专用的减压器，尤其氧气和可燃气体的减压器不得互用，瓶阀或减压器泄漏时不得继续使用。

⑤瓶内气体不得用尽必须留有剩余压力。永久气体气瓶的剩余压力应不小于 0.05 MPa；液化气体气瓶应留有不少于 0.5% ～ 1.0% 规定充装量的剩余气体并关紧阀门防止漏气，使气压保持正压以便充气时检查，还可以防止其他气体倒流入瓶内发生事故。

⑥不得将气瓶靠近热源安放气瓶的地点周围 10 m 范围内，不应进行有明火或可能产生火花的作业；盛装易起聚合反应或分解反应气体的气瓶应避开放射性射线源。

⑦气瓶在夏季使用时应防止曝晒导致温度升高瓶内压力上升产生超压。

⑧瓶阀冻结时应把气瓶移至较温暖的地方用温水解冻，严禁用温度超过 40 ℃的热源对气瓶加热。液化气体在较大流量放气时，由于气体蒸发吸热非常容易发生瓶阀冻结现象。

⑨经常保持气瓶上油漆的完好，漆色脱落或模糊不清时应按规定重新漆色。严禁敲击、碰撞气瓶，严禁在气瓶上进行电焊引弧，不准用气瓶做支架。

3. 气瓶的运输

气瓶作为一种移动的压力容器，其重要特征就是经常处于不稳定的运输

环节中，在运动中容易发生气瓶破裂等事故，需严格按有关技术标准规定进行气瓶的运输工作。

（1）运载气瓶的工具应有明显的安全标志。

（2）防止气瓶受到剧烈振动或碰撞冲击。

①在运输过程中气瓶的瓶帽及防震圈应装配齐全。

②在运输车辆上所装载的气瓶应妥善固定防止滚动撞击等碰撞事件发生。

③装卸气瓶时必须轻装轻卸避免气瓶相互碰撞或与其他坚硬物体碰撞，严禁用抛、滑、滚、摔等方式装卸气瓶。

④不得使用电磁起重机吊装气瓶，不得使用链绳、钢丝捆绑或钩吊瓶帽等方式吊运气瓶，必须将气瓶装入集装箱或坚固的吊笼内。

4. 气瓶的贮存

（1）对气瓶库房的要求

①气瓶应置于专用仓库贮存，气瓶仓库应符合《建筑设计防火规范》的有关规定。气瓶的库房不应建于建筑物的地下或半地下室内，库房与明火或其他建筑物应有适当的安全距离。

②气瓶库房的安全出口不得少于两个，库房的门窗必须做成向外开启门窗玻璃，采用磨砂玻璃或采用普通玻璃上涂白漆以防气瓶被阳光直晒。

③库房应在运输和消防通道设置消防栓和消防水池，在固定地点备有专用灭火器、灭火工具和防毒面具。贮存可燃性气体的库房应装设灵敏的泄漏气体监测警报装置。

④贮存可燃气体气瓶的库房内其照明、换气装置等电气设备必须采用防爆型的电源开关和熔断器，都应装设在库外。

⑤库房应设置自然通风或人工通风装置，以保证空气中的可燃气体或毒性气体的浓度不能达到危险的界限。

⑥库房内不得有暖气、水、煤气等管道通过，也不准有地下管道或暗沟通过。严禁使用煤炉、电热器或其他明火取暖设备。库房周围应有排放积水的设施。

⑦在贮存库的周围应设置安全警示标牌。

（2）气瓶入库存放要求

①入库的空瓶与实瓶两者应分开放置并有明显标志。毒性气体气瓶和瓶内气体相互接触能引起燃烧、爆炸产生毒物的气瓶应分室存放并在附近设置防毒用具或灭火器材。

②入库的气瓶应放置整齐。立放时应该有栏杆或支架加以固定或扎牢以

防倾倒；横放时应妥善固定防止其滚动头部朝同一方向。需要堆放时垛高不应超过五层。

③盛装易起聚合反应或分解反应气体的气瓶，必须规定贮存期限并予以注明并应避开放射性射线源。这类气瓶达到存放限期后要及时处理。

④气瓶放置时要配戴好瓶帽，以免碰坏瓶阀和防止油质尘埃侵入瓶阀口内。

⑤毒性气体或可燃性气体气瓶入库后要连续 2 ～ 3 天定时测定库内空气中毒性或可燃的浓度。如果浓度有可能达到危险值则应强制换气，查出危险气体浓度增高的原因并予以解决。

5. 气瓶的定期检验

（1）定期检验的周期

①盛装腐蚀性气体的气瓶每 2 年检验 1 次。

②盛装一般气体的气瓶每 3 年检验 1 次。

③液化石油气钢瓶使用未满 20 年的每 5 年检验 1 次；超过 20 年的每 2 年检验 1 次。

④盛装惰性气体的气瓶每 5 年检验 1 次；溶解乙炔气瓶每 3 年检验 1 次。

（2）定期检验项目

①无缝气瓶定期检验的项目包括外观检查、内部检查、瓶口螺纹检查、钢质气瓶的音响检查、质量与容积的测定、水压试验和瓶阀检验。

②焊接气瓶定期检验的项目包括内外表面的检查、焊缝检验、瓶重测定、水压试验、主要附件的检验。

③液化石油气钢瓶定期检验的项目包括外观检查、壁厚检验或瓶重测定、阀座检验、水压试验或残余变形率测定、瓶阀检验。

④溶解乙炔气瓶定期检验的项目包括瓶体与焊缝的外观检查；瓶阀、阀座与塞座检验；瓶体厚度测定；填料检验；气瓶气压试验。

五、工业管道安全技术

（一）化工管道的分类

根据管道输送介质的种类、性质、压力、温度以及管道材质的不同管道可按下列方法分类。

（1）按管道输送的介质种类分类。如液化石油气管道、原油管道、氢气管道、水管道、蒸汽管道等。

（2）按管道的设计压力分类，见表 4-4。

表4-4　按设计压力的管道分类

类别名称		设计压力，ρ/MPa	/（kg/cm^2）
真空管道		小于标准大气压	
低压管道		$0.098 \leqslant P<1.568$	$0 \leqslant P<16$
中压管道	1	$1.568 \leqslant P<3.92$	$16 \leqslant P<40$
	2	$3.92 \leqslant P<9.8$	$40 \leqslant P<100$
高压管道		$9.8 \leqslant P \leqslant 34.3$	$100 \leqslant P<350$

（3）按管道的材质分类。有铸铁管、碳钢管、合金钢管、有色金属和非金属（如塑料、陶瓷、水泥、橡胶等）管道。有时为了防腐蚀把耐腐蚀材料衬在管子内壁上成为衬里管。

（4）按管道的综合因素分类。按管道所承受的最高工作压力、温度介质和材料等因素综合考虑将管道分为 5 类，见表 4-5。这种分类方法比较科学且有利于加强安全技术管理和监察。

表4-5　按管道所承受的最高工作压力、温度介质和材料等因素综合考虑将管道分类表

管道材料	工作温度/℃	第Ⅰ类	第Ⅱ类	第Ⅲ类	第Ⅳ类	第Ⅴ类
碳素钢	$\leqslant 370$ >370	$p_w \geqslant 32$ $p_w \geqslant 10$	$10 \leqslant p_w<32$ $4 \leqslant p_w<10$	$4 \leqslant p_w<10$ $1.6 \leqslant p_w<4$	$1.6 \leqslant p_w<4$ $p_w<1.6$	$p_w<1.6$
合金钢不锈钢	$\geqslant 450$	p_w任意	—	—	—	—
	-40 ～ 450	$p_w \geqslant 10$	$4 \leqslant p_w<10$	$1.6 \leqslant p_w<4$	$p_w<1.6$	—

Pw—最大工作压力 MPa。

1. 剧毒介质的管道按 I 类管道。

2. 穿越铁路干线、公路干线重要桥梁、住宅区及工厂重要设施的甲、乙类火灾危险物质和有毒物质的管道其穿越部分按 I 类管道。

3. 石油气（包括液态烃）和氢气管道至少按 I 类管道。

4. 甲、乙类火灾危险物质有毒介质和具有腐蚀性介质的管道均应升高一个类别。

5. 难于修理、检查、更换或对生产起重要作用的管道可升高一个类别。

（二）压力管道的防腐

1. 管道的腐蚀

配管通常是管子、阀门和法兰等管件的总称。化工厂需用的配管的数量很大，要想将在各种条件下使用的配管毫无遗漏地进行充分保养恐怕很难办到，因而，也就很容易造成不规则的腐蚀和磨蚀。由于腐蚀造成泄漏而引起火灾和爆炸的事例在化工厂和炼油厂中是众所周知的事实。从腐蚀的类型看，在各种装置的配管中以全面腐蚀最多属第一位；其次是局部腐蚀和特殊腐蚀。据报告，腐蚀率的上限平均为 0.2 ～ 1 mm/a。从配管的用途看以用于输送海水的腐蚀程度最大用于输送汽油、河水以及硫酸等物料的配管次之。按装置的类别划分以冷凝器、冷却器的冷却水配管（包括海水和河水配管）、精馏塔的汽油气化管和加热炉出口的输送管等遭受腐蚀最为常见。

2. 管道防腐涂层

化工管道输送的各种流体中很多是有腐蚀性的物质，即使是水、蒸汽、空气、油品管道也受周围环境的影响而会产生腐蚀。从根本上讲防止腐蚀主要依靠合理选材还有采用合理的防腐措施如涂层防腐、衬里防腐、电化学防腐使用缓蚀剂防腐等。其中涂层防腐用得最广泛，而在涂层防腐中又以涂料防腐用的最多。

（三）管道的检查与试验

管道安装完毕后应按规定进行管道系统强度、严密性的试验和系统吹扫与清洗等工作。在用管道要定期进行检查和正常维护以确保安全生产。

（1）管道系统强制与严密性试验一般采用液压（基本上用清洁水）进行。如不宜用液压强度试验时可用气压试验代替气压强度试验，压力为设计压力的 1.15 倍；真空管道为 0.2 MPa。但当管道公称直径等于小于 300 mm 时试验压力不得超过 1.6 MPa；公称直径大于 300 mm 时不得超过 0.6 MPa。

真空管道还应作真空度试验。即在严密性试验合格后，在联动试运时按设计压力进行真空度试验，时间为 24 h 增压率不大于 5% 为合格。

（2）管道系统强度试验合格后或气密性试验前应分段进行吹扫与清洗（简

称吹洗）。吹洗前应将仪表孔板、滤网、阀门等不宜吹洗的系统隔离和保护待吹洗后复位。

吹扫用的空气或情性气体应有足够的流量压力，不得超过设计压力，流速不得低于 20 m/s。

工作介质为液体的管道一般应用水冲洗，不能用水冲洗的可用空气进行吹扫。冲洗水的水质要清洁流速不小于 1.5 m/s。

蒸汽管线应用蒸汽吹扫。应先暖管且恒温一小时后再进行吹扫。然后自然降温至环境温度再升温、暖管、恒温进行第二次吹扫。如此反复一般不少于 3 次。

中高压蒸汽管道、蒸汽透平入口管道的吹扫效果应以检查装于排汽管的铝靶板为准。靶板表面光洁宽度为排汽管内径的 5% ～ 8% 长度等于管子内径。连续两次更换靶板检查如靶板上肉眼可见的冲击斑痕不多于 10 点，每点不大于 1 mm 即为合格。一般蒸汽管道可用刨光木板置于排气口处检查板上应无铁锈、脏物。

（3）润滑、密封及控制油管道应在管道吹洗合格后进行油清洗。

（4）忌油管道（如氧气管道）应在吹洗合格后用有机溶剂二氯乙烷、三氯乙烯、四氯化碳、工业酒精等）进行脱脂。

（5）在用管道都要进行定期检查。定期检查的项目分为外检查、重点检查和全部检查。检查周期应根据管道的技术状况和使用条件由使用单位自行确定。但每季度至少应进行一次外部检查；I、II、III 类管道每年至少进行一次重点检查；IV、V 类管道每两年至少进行一次重点检查；各类管道每六年至少进行一次全面检查。

经过一次全面检查确认只有轻微腐蚀和冲刷（蚀）的管道下次全面检查的期限可以适当延长。但不得超过 9 年。

（四）压力管道的安全使用管理

压力管道的使用单位应对其安全管理工作负责防止因其泄漏、破裂而引起中毒、火灾或爆炸事故。

（1）贯彻执行《压力管道安全管理与监察规定》及压力管道的技术规范、标准建立、健全本单位的压力管道安全管理制度。

（2）应有专职或兼职专业技术人员负责压力管道安全管理工作；压力管道工作的操作人员和压力管道的检验人员必须经过安全技术培训。

（3）压力管道及其安全设施必须符合国家的有关规定。

（4）建立压力管道技术档案并到单位所在地（市）级质量技术监督行政部门登记。

（5）按规定对压力管道进行定期检验并对其附属的仪器仪表、安全保护装置、测量调控装置等定期校验和检修。

（6）对事故隐患应及时采取措施进行整改，重大事故隐患应以书面形式报告省级以上主管部门和质量技术监督行政部门。

（7）对输送可燃、易爆或有毒介质的压力管道应建立巡回线检查制度，制定应急措施和救援方案，根据需要建立抢救队伍并定期演练。

（8）按有关规定及时如实向主管部门和当地质量技术监督行政部门报告压力管道事故，并协助做好事故调查和善后处理工作，认真总结经验教训，采取相应措施防止事故重复发生。

第三节　危险化学品电气安全技术

一、电气事故概述

电气事故从安全管理角度而言，如缺乏电气安全知识违反电气安全技术要求和安全作业规程就可能会发生各种电气事故。其中人体的触电事故最为常见，是电气安全管理工作的重点之一。

（一）电气事故的特点

1. 电气事故危害性大

电气事故的发生往往伴随着人员伤害和财产损失，我国触电死亡人数要占工伤死亡总人数的 10% 左右。

2. 电气事故隐患不易识别

由于电除采用专门仪表测量外既看不见、听不到、嗅不着又摸不得，其本身不具备使人们直观识别的特征。因此由电引起的事故隐患不易识别电气事故往往来得猝不及防。这给安全生产管理人员在对电气事故隐患的查找、整改防护及人员的教育带来难度。

3. 电气事故涉及面广

电能的应用已极为广泛，涉及各个领域。哪里在用电哪里就有可能发生电气事故，哪里就必须搞好电气事故的防护工作。电气事故并不仅仅局限于用

电范围的触电事故，设备和线路故障等。在一些非用电场所因电能的产生、释放也会造成伤害或灾害如静电、雷电和电磁场等也会造成危害。

（二）电气事故的类型

电气事故是由于电能非正常地作用于人体或系统直接或间接（二次电气事故）造成的事故。根据电能的不同作用形式可将电气事故分为触电、静电、雷电、电磁场及电气系统事故等。

1. 触电事故

触电事故是由电流产生的能量作用于人体造成的事故。当电流直接作用于人体或转换成其他形式的能量（如热能化学能等）作用于人体时都会使人体受到不同形式的伤害。

2. 静电事故

静电事故是由静电荷积累或静电场能量引起的事故。在生产工艺过程及操作过程中某些材料的相对运动、接触或分离等都会产生静电。静电产生的能量虽然不大，不会直接使人致命但其电压可达到数十千伏以上很容易发生放电、产生火花从而导致直接或间接事故。如爆炸、火灾、电击引起的坠落或轧伤及妨碍生产等事故。

3. 雷电事故

雷电事故是大气放电引起的事故。雷电是由于大气不断摩擦、分离使电荷逐渐积累形成雷云而引起的。雷电放电具有电压高、电流大的特点，其能量释放出来会形成极大的破坏力。雷电的破坏作用主要由直击雷击中和二次放电、雷电流等引起它包括电性质、热性质和机械性质等破坏极易造成人员设备、建筑物的损毁。

4. 射频电磁场事故

电磁场事故是由电磁场的能量造成的事故。在电磁场中尤其是以高频电磁场的危害性最大，这是因为高频电磁场有较强的辐射特征（故称为射频电磁场）。在高频电磁场的作用下人体因吸收辐射能量会受到不同程度的伤害；特别在高强度的高频电磁场作用下可能产生感应放电、电引爆器件发生意外引爆等事故。其中感应放电对具有爆炸，火灾危险场所是一个不容忽视的危险因素。

5. 电气系统事故

电气系统事故是由于电能在输送、分配转换过程中失去控制而产生的。短路、断路漏电异常接地或接零、误合闸、误掉闸、电气设备或电气元件损坏，电子设备受电磁场干扰而发生误动作等都属于电路故障。系统中电气线路或电气设备的故障就可能引起火灾、爆炸、触电、停电、异常带电等电气事故，从而导致人员伤亡及财产损失。

二、触电事故及急救

（一）触电的类型

人体触及或靠近带电体而受到电流或电弧的伤害现象称为触电。触电的分类方法有以下两种。

1. 按电流或电弧对人体的伤害方式分类

（1）电击伤（简称电击）

电击是指电流流过人体使人体内部受到的伤害。电击的主要部位是心脏、肺和中枢神经系统，特别是心脏，严重时会引起心室颤动导致心跳停止而“临床死亡”。电击主要表现为全身性反应，通常所说的触电是指电击。

（2）电灼伤（简称电伤）

电伤是指电能转换成其他形式能量使人体表面受到的伤害。电伤主要是由电流的热效应化学效应和机械效应对人体造成的局部伤害，其临床表现为电弧烧伤、电灼伤电标志（电印记）皮肤金属化、电光眼等局部性伤害在人体表面留下明显伤痕。

2. 按电流流过人体的路径分类

（1）单相触电

单相触电是人体某一部位与大地或与大地连通的金属构件接触另一部位触及一相带电体的触电。触电死亡概率最高的是单相触电。

（2）二相触电

二相触电是人体两个不同部位同时触及二相带电体的触电。二相触电的危险性最大。

（3）跨步电压触电

跨步电压触电是当有较强对地短路电流流入大地时，在接地点附近人体两脚间的跨步电压的触电。高压线路对地短路点附近跨步电压的危险性较大。

（二）电流对人体伤害程度的决定因素

当电流通过人体时，电流会对人体产生热效应以及化学效应刺激作用等生物效应，影响人体的功能，严重的会损伤人体甚至危及人的生命。

电流对人体伤害程度主要取决于电流大小、持续时间、电流种类电流路径。此外还与人的健康状况，年龄、性别、心动周期和人体阻抗等因素有关。

1. 电流大小

电击时通过人体的电流越大对人体的伤害也越严重。通常可将触电电流分为感知电流、摆脱电流和室颤电流三级。

（1）感知电流和感知阈值

感知电流是指能引起人体感觉的电流，通常成年男性平均感知电流为 1.1 mA 成年女性平均感知电流为 0.7 mA。感知阈值是指感知电流的最小值。通常感知阈值定为 0.5 mA。

（2）摆脱电流和摆脱阈值

摆脱电流是指人触电后能自行摆脱带电体的最大电流，成年男性或女性平均摆脱电流分别为 16 mA 或 10.5 mA。摆脱阈值是指摆脱电流的最小电流，成年男性或女性摆脱电流阈值分别为 9 mA 或 6 mA。摆脱电流是反映人触电后摆脱带电体的能力，它是随触电时间的延长而减小的。

（3）室颤电流和室颤阈值

室颤电流是指在一定路径下引起人体心室纤维性颤动的电流。室颤阀值是室颤电流的最小值。电击致死的主要原因是电流引起心室颤动或窒息，而造成人体的室颤电流在 1 s 时约为 50 mA；0.1 s 时约为 400 mA，而室颤阈值约为 50 mA。

2. 电流持续时间

电流流过人体的时间越长对人体的伤害越严重。特别是当电流持续时间超过心脏搏动周期时极易造成心室颤动而引起触电者“临床死亡”。

3. 电流种类

电流流过人体时交流电流对人体的伤害比直流电流大。交流电 f=50 Hz 对人体伤害最大而当电流频率大于 20 kHz 时对人体的伤害明显减少。

4. 电流路径

电流流过心脏、肺和中枢神经系统时对人体的伤害最大。电流从胸部到左手是最短、最危险的路径。电流从脚到脚虽是相对危险较小的电流路径，但因痉挛而摔倒会导致电流流过全身或摔伤、坠落水中窒息等二次事故。

（三）触电事故发生的原因和规律

触电事故往往都是突然发生的，似乎是不可捉摸的，但对已发生的事故加以科学分析是不难找到触电事故发生的原因和规律的。

1. 触电事故发生的原因

（1）基础知识薄弱。缺乏安全用电知识等这是事故发生的内因。

（2）安装不符要求。电工作业人员在安装、检修及电工器材选用时不符合电气安全技术和标准要求，如安装的电器不适应使用环境的要求相线，不进开关保护接地或保护接零线中安装熔断器等。

（3）日常缺乏检修。电工作业人员对电气线路及设备缺乏经常性、季节性、专业性检查出现事故隐患后维修又不及时。如移动电具的引线和插头明知已破损还不更换漏电保护器早已失效等。

（4）无视安全法规。安全管理制度不力，缺乏安全防护措施，违章指挥，违章作业，冒险蛮干等。如指挥非电工从事电工作业，无证进行带电作业，带负荷拉高压隔离开关，违反安全作业规程等。

（5）意外自然灾害。因风、雨、雷电大水等造成伤害。

综上所述除自然灾害的偶然因素外其他事故原因一般都能够避免的因此做好预防工作尤为重要。

2. 触电事故发生的规律性

（1）触电事故有明显的季节性。在每年第二、三季度因雨多且潮湿，电气设备绝缘性能下降，特别是6—9月天气炎热、人体多汗所以最易发生触电事故。

（2）低压设备触电事故的集中性。低压电气设备使用面大，远多于高压设备，接触人员普遍缺乏电气安全知识。

（3）携带式和移动式电气设备触电事故的复杂性。移动电具由于经常移动加上工作环境复杂，绝缘极易损坏，手持作业过程就容易引发事故。

（4）电气连接部位触电事故的多发性。电气连接如插销开关引线、接线端子等其机械强度较差、可靠性不高、导电部分外露处多。任何一个部位出现损坏都会引起触电事故。

（5）冶金、矿业、建筑等高危行业触电事故的特殊性。这些行业的生产现场一般情况比较复杂，环境温度、湿度较高临时线多移动式设备多金属占有面积大用电安全难度较高。

（6）农村触电事故的滞后性。农村地区的用电设备较简陋，用电条件差，安全技术水平低，缺乏电气安全知识普及等，先天条件不足。因此农村触电事故概率远高于城市。

（7）误操作触电事故的必然性。误操作者以青、中年人为多，这些人由于不熟悉作业规程加之缺乏经验，一些人的不良操作行为与操作中的随意性，

稍有不慎就会酿成触电事故。

总之为减少和预防用电人员触电事故，要普及安全用电知识和增强自我保护意识（据资料统计在触电死亡人员中用电人员要占85%以上），更要加强各种措施落实。例如由于低压系统推广漏电保护装置使低压触电事故大大降低。上述特性对安全检查安全技术措施计划、安全管理等提供了依据。因此掌握其规律性针对各自不同的特点采取有效的预防措施，这对防止触电事故的频发是有好处的。

（四）触电的现场急救

1. 概述

电是我们工作、生活中不可缺少的能源，但其他由电引发的触电事故也非常多。此外自然界的雷击也是一种触电形式，其电压可达几千万伏。强大的电流袭击能使人的心跳和呼吸立即停止并造成严重烧伤。

电对人体的伤害可概括为电流本身及电能转换为热和光效应所造成的伤害。触电对人致命的伤害是引起心室纤维性颤动、心搏骤停因此心脏除颤、心肺复苏是否及时有效是抢救成功与否的关键。

2. 判断要点

（1）电流伤（触电）

轻者表现为惊吓、发麻、心悸、头晕、乏力等症状一般可自行恢复；重者可出现强直性肌肉收缩、昏迷、休克。电流通过心脏会引起严重的心律失常，如心室纤维性颤动（简称心室纤颤）持续数分钟后可造成心搏骤停并造成呼吸中枢抑制、麻痹导致呼吸衰竭而停止呼吸。

（2）电烧伤

电流通过人体所引起的局部损伤称电烧伤。临床表现为入口与出口常呈椭圆形，一般限于导电体接触的部位。轻者仅有局部皮肤的损伤，重者损伤面积大破坏较深可达肌肉、骨骼或内脏以入口处更为严重。电烧伤部位外观局部呈黄褐色或焦黄色严重者组织完全炭化、凝固边缘整齐、干燥早期疼痛较轻。电烧伤部位周围的皮肤常因电火花或衣服着火烧伤一般也多为深度烧伤。

3. 现场急救

发生触电事故时首先不要惊慌失措，应该采取下列基础急救措施。

（1）迅速切断电源

①急救者立即拉下闸门或关闭电源开关、拔掉插头使触电者快速脱离电源。

②急救者利用竹竿、扁担、木棍、塑料制品、橡胶制品、皮制品等绝缘

体挑开接触触电者的电源（如电线）使触电者迅速脱离电源。

（2）保护自身安全

如果触电者仍在漏电的机器上，救护人员应赶快用干燥的绝缘棉衣、棉被将触电者推开或拉开。在浴室等潮湿的地方救护人员要穿绝缘胶鞋、戴胶皮手套或站在干燥的木板上以保护自身安全。在切断电源之前救护人员切忌用手直接去拉触电者。

（3）心肺复苏

对呼吸、心跳停止者立即进行心脏除颤、心肺复苏。不要轻易放弃，应持续在现场进行心肺复苏救护直到专业医护人员到达现场。一般应持续 30 分钟以上。有条件的尽早在现场使用自动体外除颤器。

（4）紧急呼救

拨打“120”电话求救。

（5）保护创面及转运

对触电灼烧伤者应就地取材对创面进行简易包扎再送医院进行抢救。在高空高压线触电抢救中要防止摔伤。

4. 健康教育

（1）掌握用电知识

电器最好接有地线。自己不懂时不要拆卸、安装电器。发现电线、开关、电器等有问题时应请专业人员修理。禁止在潮湿的地板上修电器。发现有“霹雳”的火花声时应立即关闭电源以防触电。在用接线板加长电源线时，应先连接电器与插线板最后插电源。用完电器后应先拔下电源插头后，收接线板切勿拿着带电的电源线及接线板到处走动。

（2）用电安全教育

①经常教育少年儿童不要玩弄电源开关和其他各种电器等。必须先断开电源再移动台灯、电视机等电器。不要用湿手触摸和使用电气设备及触碰电源开关、插头以免触电。

②不要用湿抹布擦电线、开关、插头和插座也不要用水冲洗电线及各种电器。

③不在电线上搭晒衣物远离被大风刮断的高压线（10 m 远）。

④不要在高压线下及其附近钓鱼。

第五章　危险化学品的安全管理策略研究

第一节　重大危险源管理策略分析

一、重大危险源管理的法律法规要求

《安全生产法》对重大危险源管理提出了明确要求：生产经营单位对重大危险源应当登记建档进行定期检测、评估、监控并制定应急预案告知从业人员和相关人员在紧急情况下应当采取的应急措施。生产经营单位应当按照国家有关规定将本单位重大危险源及有关安全措施、应急措施报有关地方人民政府负责安全生产监督管理的部门和有关部门备案。

《上海市安全生产条例》规定了生产经营单位应当至少每半年向安全生产监管部门和专项监管部门报告重大危险源的监控措施实施情况具体的监控措施如下。

（1）建立运行管理档案对运行情况进行全程监控。

（2）定期对设施、设备进行检测、检验。

（3）定期进行安全评价。

（4）定期检查重大危险源的安全状态。

（5）制定应急救援预案定期组织应急救援演练。

二、重特大事故预防控制技术

重大危险源控制的目的不仅是要预防重大事故发生而且要做到一旦发生事故能将事故危害限制到最低程度。由于工业活动的复杂性需要采用系统工程的思想和方法控制重大危险源。重特大事故预防控制技术支撑体系框架如图 5-1 所示。

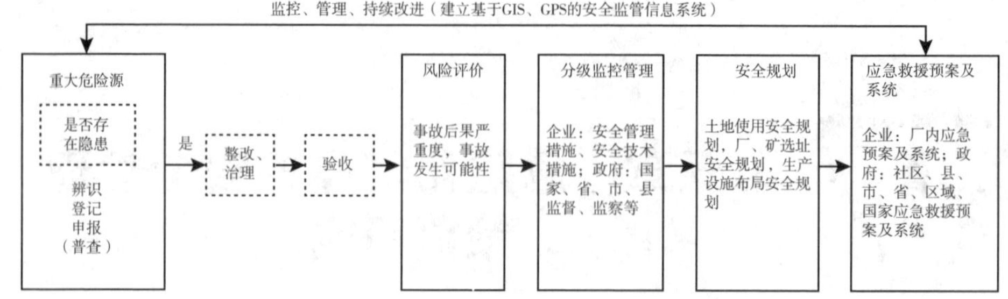

图 5-1　重特大事故预防控制技术支撑体系框架

（一）重大危险源的辨识登记、报告、申报或普查

防止重特大事故的第一步是以重大危险源辨识标准为依据确认或辨识重大危险源。国际劳工组织认为各国应根据具体的工业生产情况制定合适的重大危险源辨识标准，该标准应能代表本国优先控制的危险物质和设施并根据新的知识和经验进行修改和补充。

在开展重大危险源辨识登记的同时要进行隐患排查工作即查找和确认是否存在人的不安全行为、物的不安全状态和管理上的缺陷。如果重大危险源已产生隐患则必须立即整改或治理并按法规标准进行评审和验收。对受技术或其他条件限制不能立即整改治理的重大事故隐患必须在安全评价基础上强化安全管理、监控和应急措施等风险控制措施。

通过重大危险源和重大事故隐患辨识登记、申报或普查建立重大危险源和重大事故隐患数据库，使企业和各级安全监管部门掌握重大危险源和重大事故隐患分布、分类及其安全状况使事故预防做到心中有数重点突出。

（二）重大危险源安全（风险）评价

安全评价或称风险评价是安全管理的基础和依据是一项十分复杂的技术性工作，需要系统地收集设计、运行及其他与重大危险源和重大事故隐患有关的资料和信息。对重大危险源的关键部分尤其应进行分析和评价找出预防重点。应尽可能采用定量风险评价方法对重大危险源和重大事故隐患的危险程度、可能发生的重特大事故的影响范围进行分级。

企业应在规定的期限内对已辨识和评价的重大危险源向政府主管部门提交安全评价报告。如属新建的重大危险设施则应在其初步设计审查之前提交安全预评价报告。

安全评价报告应根据重大危险源的变化以及新知识和技术进展情况进行修改和增补，并由政府安全监管部门组织检查和评审。

（三）企业对重大危险源的监控和管理

企业对安全生产负主体责任。企业在重大危险源辨识和评价基础上应对每一个重大危险源制定严格的安全监控管理制度和措施包括检测、监控、人员培训、安全责任制的落实等。有条件的企业应建立实时监控预警系统，对危险源的安全状况进行实时监控，严密监视可能使危险源的安全状态向隐患和事故状态转化的各种参数的变化趋势及时发出预警信息将事故消灭在萌芽状态。

（四）应急救援系统

应急救援系统是重特大事故预防控制技术支撑体系的重要组成部分。企业应负责建立现场应急救援系统，定期检验和评估现场应急救援系统、预案和程序的有效程度并在必要时进行修订。场外应急救援系统由政府安全监管部门根据企业上报的安全评价报告和预案等有关材料建立。应急救援预案应提出详尽、实用、清楚和有效的技术与组织措施。应确保职工和相关居民充分了解发生重特大事故时需要采取的应急措施，每隔适当的时间应修订和重新发放应急救援预案及宣传材料。

（五）土地使用与工厂选址安全规划

政府主管部门应制定综合性的土地使用安全规划政策，确保重大危险源与居民区其他工作场所、机场、水库及其他危险源和公共设施安全隔离。我国的工业化、城市化不能因为缺乏安全规划走入“盲目建设→搬迁→再盲目建设→再搬迁”的恶性循环。企业应在工厂选址、项目规划和设计、工厂布局设计等规划源头落实事故预防措施。

（六）重大危险源和重大事故隐患的监督监察

根据重大危险源和重大事故隐患申报和普查、评价结果按危险严重程度级别建立基于 GIS、GPS 的国家、省、市、县四级重大危险源和重大事故隐患安全监管信息系统。突出重点分级分类对重大危险源和重大事故隐患进行安全监督监察。

基于 GIS 和 GPS 的安全监管信息系统有助于企业和各级政府安全监管部门及时掌握重大危险源和重大事故隐患状况制定相应的分级管理、监控、监管方案和措施。

三、企业重大危险源管理

（一）重大危险源申报和管理的责任人履行的职责

重大危险源所在企业的法定代表人为重大危险源申报和管理的责任人，由其指定专门的人员和机构负责重大危险源的管理履行以下职责。

（1）掌握本单位重大危险源的分布情况发生事故的可能性及其严重度负责现场管理。

（2）建立对重大危险源的定期检查制度和巡检制度掌握重大危险源的动态变化情况。

（3）加强安全教育和培训，提高安全意识对重大危险源所在区域进行安全标识。

（4）制定场内应急救援预案配备必要的应急器材与工具每年至少进行一次应急演练。

（5）建立重大危险源变更管理制度生产工艺、设备、材料和生产过程等因素发生变化之前必须进行危险分析和安全评价。

重大危险源所在企业应该根据重大危险源的特点建立科学、有效的安全监控系统对其可靠性应该进行评估。

（二）对于重大事故企业应组织的事故抢救工作

在重大危险源发生重大事故的场合企业必须积极组织事故抢救工作。

事故的抢救工作直接影响着是否可以减少伤亡、控制事故蔓延和降低经济损失。企业负责人接到事故报告后必须立即采取有效措施组织抢救防止事故扩大尽力减少人员伤亡和财产损失。

（1）现场人员的自救

企业发生事故时，在场人员尽可能了解或判断事故的类型、地点和严重程度，并迅速报告企业负责人。同时，在保证安全的前提下，尽可能利用现有设备和工具材料及时消灭或控制事故。如果不可能消灭或控制事故时，应该由现场负责人或有经验的工人带领选择安全路线迅速退避。

（2）应急指挥部

当发生事故时，企业应首先成立应急指挥部。应急指挥部应由生产、安全、调度、物资供应、厂内消防（或救护队）、保卫等部门负责人组成，总指挥由熟悉灾区情况的厂长或总工程师担任。

重大事故应急指挥部由当地政府或归口管理部门的主要负责人担任总指挥，抢救指挥部还应吸收公安、检察和主要外援单位负责人。

（3）消防队和救护队

企业根据需要设立群众义务消防队或者义务消防员，负责防火和灭火工作。火灾危险特大距离当地公安消防队（站）较远的大、中型企业，根据需要建立专职消防队，负责本单位的消防工作。新建的城市和扩建、改建的市区，应当按照接到报警后消防车能在 5 min 内到达责任区边沿的原则设立公安消防队（站）。

任何单位和个人在发现火警的时候，应当迅速准确地报警，并积极地参加扑救，起火单位必须及时组织力量扑救火灾，邻近单位应当积极支援。消防队接到报警后，必须迅速赶赴火场进行扑救。为了及时抢救受伤人员，企业应该组织专职或兼职的救护队伍。

（4）应急预案

根据发生的事故类别、事故影响的范围、事故影响范围内人员的分布，以及预案编制的事故应急救援预案，确定应急方案。

应急预案应包括预防事故扩大的措施，寻找遇难和负伤的人员，侦察灾区险情和范围，现场救护以及现场纪实等内容。

事故应急时，应该保护好现场。确因抢救伤员和防止事故的扩大，需要移动现场物件时，必须做出标志、拍照、详细记录和绘制事故现场图，妥善保存现场重要痕迹物证。伤亡事故现场必须经过安全生产监督管理部门或事故调查组同意才能清理，以确保现场勘查和调查工作的顺利进行。

第二节　危险化学品事故应急管理策略分析

一、危险化学品事故应急概况

（一）应急管理基本概念

当前，随着城市规模越来越大，人口和财富密集程度越来越高，工业生产装置越来越复杂，城市所面临的各种灾难风险及承受事故灾难的脆弱性日益突出，加强应急管理已成为风险控制不可缺少的一个关键环节和重要手段。

根据风险控制原理，风险大小是由事故发生的可能性及其后果严重程度决定的，一个事故发生的可能性越大，后果越严重，则该事故的风险就越大。因此，事故灾难风险控制的根本途径有两条：第一条就是通过事故预防，来防止事故的发生或降低事故发生的可能性，从而达到降低事故风险的目的。然而，由于受技术发展水平、人的不安全行为以及自然客观条件（乃至自然灾害）等因素影响，要将事故发生的可能性降至零，即做到绝对安全，是不现实的。事实上，无论事故发生的频率降至多低，事故发生的可能性依然存在，而且有些事故一旦发生，后果将是灾难性的，如印度博帕尔事件、苏联切尔诺贝利核电站放射性泄漏等。那么，如何控制这些概率虽小、后果却非常严重的重大事故风险呢？无疑，应急管理成为第二条重要的风险控制途径。

应急管理是指为了有效应对可能出现的重大事故或紧急情况，降低其可能造成的后果和影响，而进行的一系列有计划、有组织的管理，涵盖在事故发生前、中、后的各个过程。应急管理与事故预防是相辅相成的，事故预防以“不发生事故”为目标，应急管理则是以“发生事故后，如何降低损失”为己任，二者共同构成了风险控制的完整过程。因而，应急管理与事故预防一样，是风险控制的一个必不可少的关键环节，它可以有效地降低事故灾难所造成的影响和后果。建筑行业作为高危行业之一，加强应急管理，是当前一项紧迫的任务。应急管理具有显著的复杂性、长期性和艰巨性等特点，是一项长期而艰巨的工作。

（二）应急管理过程

现代应急管理强调对潜在重大事故实施全过程的管理，即由预防、准备、响应和恢复四个阶段构成，使应急管理工作贯穿于事故发生的前、中、后各个过程，并充分体现“预防为主、常备不懈”的应急理念。

一般而言，应急管理的四个阶段并没有严格的界限，且往往是交叉的，但每一阶段都有自己明确的目标，而且每一阶段又是构筑在前一阶段的基础之上，因而预防、准备、响应和恢复相互关联，构成了重大事故应急管理工作一个动态的循环改进过程。

1. 预防

在应急管理中，预防有两层含义：一是事故的预防工作，即通过安全管理和安全技术等手段，尽可能地防止事故的发生，实现本质安全；二是在假定事故必然发生的前提下，通过预先采取一定的预防措施，达到降低或减缓事故的影响或后果的严重程度，如加大建筑物的安全距离、工厂选址的安全规划、减少危险物品的存量、设置防护墙，以及开展员工和公众应急自救知识教

育等。从长远看，低成本、高效率的预防措施是减少事故损失的关键。由于应急管理的对象是重大事故或紧急情况，其前提是假定重大事故发生是不可避免的，因此，应急管理中的预防更侧重于第二层含义。

2. 准备

应急准备是应急管理过程中一个极其关键的过程。它是针对可能发生的事故，为迅速有效地开展应急行动而预先所做的各种准备，包括应急体系的建立、有关部门和人员职责的落实预案的编制、应急队伍的建设、应急设备（施）与物资的准备和维护、预案的演习、与外部应急力量的衔接等，其目标是保持重大事故应急救援所需的应急能力。

3. 响应

应急响应是在事故发生后立即采取的应急与救援行动，包括事故的报警与通报、人员的紧急疏散、急救与医疗、消防和工程抢险措施、信息收集与应急决策和外部求援等。其目标是尽可能地抢救受害人员，保护可能受威胁的人群，尽可能控制并消除事故。

4. 恢复

恢复工作应在事故发生后立即进行。它首先使事故影响区域恢复到相对安全的基本状态，然后逐步恢复到正常状态。要求立即进行的恢复工作包括事故损失评估、原因调查、清理废墟等。在短期复工作中，应注意避免出现新的紧急情况。长期恢复包括厂区重建和受影响区域的重新规划和发展。在长期恢复工作中，应汲取事故和应急救援的经验教训，开展进一步的预防工作和减灾行动。

（三）应急救援系统

应急救援体系总的目标是控制事态发展，保障生命财产安全，恢复正常状况，这三个总体目标也可以用减灾、防灾、救灾和灾后恢复来表示。由于各种事故灾难种类繁多，情况复杂，突发性强，覆盖面大，应急救援活动又涉及从高层管理到基层人员各个层次，从公安、医疗到环保、交通等不同领域，这都给应急救援日常管理和应急救援指挥带来了许多困难。解决这些问题的唯一途径是建立起科学、完善的应急救援体系和实施规范有序的标准化运作程序。

应急救援系统研究应包括以下几个内容。

（1）应急救援系统的组成。

（2）应急救援计划的制定。

（3）紧急事故发生的预防。

（4）应急计划的准备。

（5）应急培训和演习。

（6）应急救援行动。

（7）现场清除与净化。

（8）系统的恢复和善后处理。

二、危险化学品事故应急救援

危险化学品事故应急救援是指，由危险化学品造成突发、具有破坏力的可能导致人员伤害、财产损失和环境污染及其他较大社会危害时而采取的救援活动。

（一）指导思想

认真贯彻“安全第一，预防为主，综合治理”的方针，体现“以人为本”的思想，本着对人民生命财产高度负责的精神，按照“先救人、后救物，先控制、后处置”的指导思想，当发生危险化学品事故时，能迅速、有序、高效地实施应急救援行动，及时、妥善地处置危险化学品重大事故，最大限度减少人员伤亡和财产损失，把事故危害程度降到最低，维护城市的安全和稳定。

（二）基本原则

1. 统一指挥的原则

危险化学品事故的抢险救灾工作必须在危险化学品生产安全应急救援指挥中心的统一领导、指挥下开展。应急预案应当贯彻统一指挥的原则。各类事故具有意外性、突发性、扩展迅速危害严重的特点，因此，救援工作必须坚持集中领导、统一指挥的原则。因为在紧急情况下，多头领导会导致一线救援人员无所适从，贻误战机。

2. 充分准备、快速反应、高效救援的原则

针对可能发生的危险化学品事故，做好充分的准备；一旦发生危险化学品事故，快速做出反应；尽可能减少应急救援组织的层次，以利于事故和救援信息的快速传递，减少信息的失真，提高救援的效率。

3. 生命至上的原则

应急救援的首要任务是不惜一切代价，维护人员生命安全。事故发生后，应当首先保护学校学生、医院病人、体育场馆游客和所有无关人员安全撤离现场，转移到安全地点，并全力抢救受伤人员，寻找失踪人员，同时保护应急救

援人员的安全同样重要。

4. 单位自救和社会救援相结合的原则

在确保单位人员安全的前提下，应急预案应当体现单位自救和社会救援相结合的原则。单位熟悉自身各方面情况，又身处事故现场，有利于初期事故的救援，将事故消灭在初始状态。单位救援人员即使不能完全控制事故的蔓延，也可以为外部的救援赢得时间。事故发生初期，事故单位应按照灾害预防和处理规范（预案）积极组织抢险，并迅速组织遇险人员安全撤离，防止事故扩大。

5. 分级负责、协同作战的原则

各级地方政府、有关部门和危险化学品单位及相关的单位按照各自的职责分工实行分级负责、各尽其能、各司其职，做到协调有序、资源共享、快速反应，积极做好应急救援工作。

6. 科学分析、规范运行、措施果断的原则

科学分析是做好应急救援的前提，规范运行是应急预案能够有效实施的重要保障，针对事故现场果断决策采取不同的应对措施是保证救援成效的关键。

7. 安全抢险的原则

在事故抢险过程中，应采取切实有效措施，确保抢险救护人员的安全，严防在抢险过程中发生次生事故。

（三）危险化学品事故应急救援的基本任务

1. 控制危险源

化学危险品事故应急救援的首要任务是尽快控制危险源，防止危险源区扩大或加剧，要及时有效地采取闭阀、堵漏及其他抢险措施等手段，防止有毒有害物质的迅速外泄，缩小污染范围，减轻污染程度，把事故危害降到最低程度。特别对发生在城市和人口稠密地区的化学事故，应尽快组织工程抢险队和事故单位技术人员一起及时堵源，控制事故扩散。

2. 抢救受害人员

抢救受害人员是应急救援的重要任务。在应急救援行动中，及时、有序、有效地实施现场急救与安全转送伤员，是降低伤亡率、减少事故损失的关键。

3. 指导群众防护，组织群众撤离

由于化学事故发生突然、扩散迅速、涉及面广、危害大，应及时指导和组织群众采取各种措施进行自身防护，并向上风向迅速撤离出危险区或可能受

到危害的区域。在撤离过程中应积极组织群众开展自救和互救工作。

4. 做好现场清消，消除危害后果

对事故外逸的有毒有害物质和可能对人和环境继续造成危害的物质，应及时组织人员予以清除，消除危害后果，防止对人的继续危害和对环境的污染。对发生的火灾，要及时组织力量进行洗消。

5. 查清事故原因，估算危害程度

事故发生后应及时调查事故原因的发生和事故性质，估算出事故的危害波及范围和危险程度，查明人员伤亡情况，做好事故调查。

（四）危险化学品事故应急响应程序

危险化学品事故应急响应程序按过程可分为接警、响应级别确定、应急启动，救援行动、应急恢复和应急结束等几个过程，响应程序如图 5-2 所示。

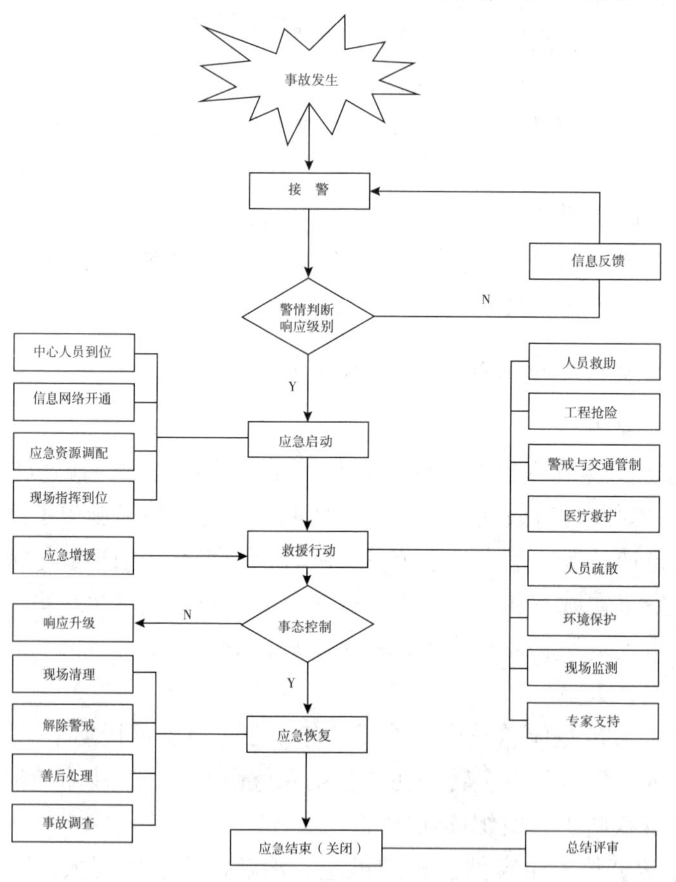

图 5-2　危险化学品事故应急响应程序

1. 警情与响应级别确定

接到事故报警后，按照工作程序，对警情做出判断，初步确定相应的响应级别。如果事故不足以启动应急救援体系的最低响应级别，响应关闭。

2. 应急启动

应急响应级别确定后，按所确定的响应级别启动应急程序，如通知应急中心有关人员到位，开通信息与通信网络，通知调配救援所需的应急资源（包括应急队伍和物资、装备等），成立现场指挥部等。

3. 救援行动

有关应急队伍进入事故现场后，迅速开展事故侦测、警戒、人员救助、工程抢险等有关应急救援工作。专家组为救援决策提供建议和技术支持。当事态超出响应级别，无法得到有效控制，向应急中心请求实施更高级别的应急响应。

4. 应急恢复

救援行动结束后，进入临时应急恢复阶段。包括现场清理、人员清点和撤离、警戒解除、善后处理和事故调查等。

5. 应急结束

执行应急关闭程序，由事故总指挥宣布应急结束。

应急救援体系应根据事故的性质、严重程度、事态发展趋势实行分级响应机制，对不同的响应级别，相应地明确事故的通报范围、应急中心的启动程度、应急力量的出动和设备、物资的调集规模、疏散的范围、应急总指挥的职位等。

典型的响应级别通常可划分为三级，具体如下。

（1）一级紧急情况，指能被事故单位正常可利用的资源处理的紧急情况。正常可利用的资源指事故单位在权力范围内通常可以利用的应急资源，包括人力和物力等。通常可以建立一个现场指挥部，所需的后勤支持、人员或其他资源增援由单位负责解决。

（2）二级紧急情况，指需要地区政府部门响应的紧急情况。事故部分救援需要由有关部门协作提供，如人员、设备或其他资源。该级响应需要成立现场指挥部来统一指挥现场应急救援行动。

（3）三级紧急情况，指必须利用城市所有有关部门及一切资源的紧急情况，或者需要城市的各个部门同城市以外的机构联合起来处理各种的紧急情况，通常政府要宣布进入紧急状态。

现场指挥部可在现场做出保护生命和财产安全以及控制事态所必需的各

种决定，由紧急事务管理部门负责执行整个紧急事件的决定。

三、危险化学品事故应急预案

应急预案，又名“预防和应急处理预案”“应急处理预案”“应急计划”或“应急救援预案”，是事先针对可能发生的事故（件）或灾害进行预测，而预先制定的应急与救援行动，以及降低事故损失的有关救援措施计划或方案。

安全生产事故应急预案为预防、预测和应急处理事故而预先制定的对策方案。它有以下三个方面的含义。

（1）事故预防。通过危险辨识、事故后果分析，采用技术和管理手段降低事故发生的可能性，且使可能发生的事故控制在局部，防止事故蔓延。

（2）应急处理。一旦发生事故，有应急处理程序和方法，能快速反应处理故障，或将事故消除在萌芽状态。

（3）抢险救援。采用预定现场抢险和抢救的方式，控制或减少事故造成的损失。

（一）应急预案的分类

应急预案从功能与目标上可以划分为三种类型：综合预案、专项预案、现场预案。

一般来说，综合预案是总体、全面的预案，以场外指挥与集中指挥为主，侧重在应急救援活动的组织协调。一般大型企业或行业集团，下属很多分公司，比较适于编制这类预案，可以做到统一指挥和资源的最大利用。

专项预案主要针对某种特有和具体的事故灾难风险（灾害种类），如地震、重大工业事故、流域重大水体污染事故等，采取综合性与专业性的减灾、防灾、救灾和灾后恢复行动。

现场预案则是以现场设施或活动为具体目标所制定和实施的应急预案，如针对某一重大工业危险源、特大工程项目的施工现场或拟组织的一项大规模公众集聚活动。现场预案编制要有针对性，内容具体、细致、严密。

（二）应急预案的基本结构与内容

应急救援是为预防、控制和消除事故对人类生命和财产的突发重大事故灾害所采取的反应救援行动。应急预案则是开展应急救援行动的行动计划和实施指南，实际上是一个透明和标准化的反应程序，应该有系统完整设计、标准化的文本文件、行之有效的操作程序和持续改进的运行机制，使应急救援活动

能按照预先周密的计划和最有效的实施步骤有条不紊地进行。这些计划和步骤是快速响应和应急救援的基本保证。

1. 基本编制结构

安全生产事故应急预案可以按“1+4”预案编制结构进行编制（见图5-3），即一个基本预案加上应急功能设置、特殊风险管理、标准操作程序和支持附件构成。该预案基本结构不仅使预案本身结构清晰，而且保证了各种类型预案之间的协调性和一致性。

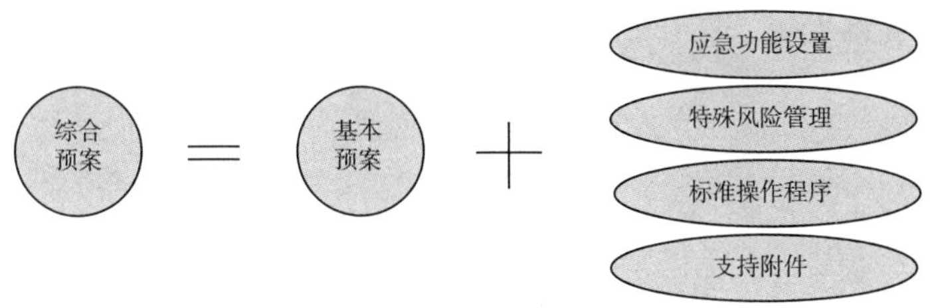

图 5-3　应急预案的基本结构

（1）基本预案

基本预案也称“领导预案”，是应急反应组织结构和政策方针的综述，还包括应急行动的总体思路和法律依据，指定和确认各部门在应急预案中的责任与行动内容。其主要内容包括最高行政领导承诺、发布令、基本方针政策、主要分工职责、任务与目标、基本应急程序等。基本预案一般是对公众发布的文件。《国家突发公共事件总体应急预案》和《国家安全生产事故灾难应急预案》就是我国应对突发公共安全事件和生产事故的基本预案。

基本预案可以使政府和企业高层领导能从总体上把握本行政区域或行业系统针对突发事故应急的有关情况，了解应急准备状况，同时也为制定其他应急预案（如标准化操作程序、应急功能设置等）提供框架和指导。

（2）应急功能设置

应急功能是对在各类重大事故应急救援中通常都要采取的一系列基本的应急行动和任务而编写的计划。它着眼于针对突发事故响应时所要实施的紧急任务。由于应急功能是围绕应急行动的，因此它们的主要对象是那些任务执行机构。针对每一应急功能，应明确其针对的形势、目标、负责机构和支持机构、任务要求、应急准备和操作程序等。应急预案中包含的功能设置的数量和类型因地方差异会有所不同，主要取决于所针对潜在重大事故危险类型，以及应急的组织方式和运行机制等具体情况。应紧紧围绕应急工作中主要功能编制，明确执行该预案的各部门和负责人的具体任务。

应急功能设置分预案中要明确从应急准备到应急恢复全过程每一个应急活动中各相关部门应承担的责任和目标，每个单位的应急功能要以分类条目和单位功能矩阵表来表示，还要以部门之间签署的协议书来具体落实。

应急需要多少功能？一般来说，因风险的水平和可能导致的事故类型而不同，但作为一般意义上应具有一些基本应急功能，其核心的功能包括接警与通知、指挥与控制、警报与紧急公告、通信、事态监测与评估、警戒与治安、人群疏散、人群安置、医疗与卫生、公共关系、应急人员安全、消防与抢险、泄漏物控制、现场恢复等。这里应明确每一个应急功能所对应的职责部门和目标。

（3）特殊风险预案

特殊风险管理是主要针对具体突发和后果严重的特殊危险事故或突发事件及特殊条件下的事故应急响应而制定的指导程序。特殊风险管理具体内容根据不同事故或事件情况设定的，通常包括基本应急程序的行动内容外，还应包括特殊事故或事件的特殊应急行动，它是前两部分的重要补充。

特殊风险分预案是在公共安全风险评价的基础上，进行可信不利场景的危险分析，提出其中若干类不可接受风险。根据风险的特点，针对每一特殊风险中的应急活动，分别划分相关部门的主要负责、协助支持和有限介入三类具体的职责。不同企业和不同行业的风险不同，事故类型也不同，应针对其不同的特殊风险水平来制定相应的特殊风险管理内容。对于危险化学品道路运输事故中的危险性较大、影响程度较严重的场景，如剧毒化学品的泄漏、核事故等，需要制定特殊的风险处置预案。

（4）应急标准化操作程序

标准化操作程序是对“基本预案”的具体扩充，说明各项应急功能的实施细节，其程序中的应急功能与“应急功能设置”部分协调一致，其应急任务符合”特殊风险管理”的内容和要求，并对“特殊风险”的应急流程和管理进一步细化。同时，SOP 内涉及的一些具体技术资料信息等可以在“支持附件”部分查找，以供参考。由此可见，应急预案的以上各部分相互联系、相互作用、相互补充，构成了一个有机整体，SOP 是城市或企业的综合预案中不可缺少的最具可操作性的部分，是应急活动不同阶段如何具体实施的关键指导文件。

应急标准化操作程序主要是针对每一个应急活动执行部门，在进行某几项或某一项具体应急活动时所规定的操作标准。这种操作标准包括一个操作指

令检查表和对检查表的说明，一旦应急预案启动，相关人员可按照操作指令检查表逐项落实行动。应急标准化操作程序是编制应急预案中最重要和最具可操作性的文件，回答的是在应急活动中谁来做、如何做和怎样做的一系列问题。突发事故的应急活动需要多个部门参加，应急活动是由多种功能组成，所以每一个部门或功能在应急响应中的行动和具体执行的步骤要有一个程序来指导。事故发生是千变万化的，会出现不同的情况，但应急的程序是有一定规律，标准化的内容和格式可保证在错综复杂的事故中不会造成混乱。一些成功的救援多是因为制定了有效的应急预案，才使事故发生时可以做到迅速报警，通信系统及时地传达有效信息，各个应急响应部门职责明确，分工清晰，做到忙而不乱，在复杂的救援活动中井然有序。

标准中应明确应急功能，以及应急活动中的各自职责，明确具体负责部门和负责人。还应明确在应急活动中具体的活动内容，具体的操作步骤，并应按照不同的应急活动过程来描述。

应急标准操作程序的目的和作用决定了 SOP 的基本要求。一般来说，作为一个 SOP 其基本要求如下。

①可操作性。SOP 就是为应急组织或人员提供详细、具体的应急指导，必须具有可操作性。SOP 应明确标准操作程序的目的、执行任务的主体、时间、地点、具体的应急行动、行动步骤和行动标准等，使应急组织或个人参照 SOP 都可以有效、高速地开展应急工作，而不会因受到紧急情况的干扰导致手足无措，甚至出现错误的行为。

②协调一致性。在应急救援过程中会有不同的应急组织或应急人员参与，并承担不同的应急职责和任务，开展各自的应急行动，因此 SOP 在应急功能、应急职责及与其他人员配合方面，必须要考虑相互之间的接口，应与基本预案的要求、与应急功能设置的规定、与特殊风险预案的应急内容、与支持附件提供的信息资料，以及与其他 SOP 协调一致，不应该有矛盾或逻辑错误。如果应急活动可能扩展到外部时，在相关 SOP 中应留有与外部应急救援组织机构的接口。

③针对性。应急救援活动由于突发事故发生的种类、地点和环境、时间、事故演变过程的差异，而呈现出复杂性，SOP 是依据特殊风险管理部分对特殊风险的状况描述和管理要求，结合应急组织或个人的应急职责和任务而编制相应的程序。每个 SOP 必须紧紧围绕各程序中应急主体的应急功能和任务来描述应急行动的具体实施内容和步骤，要有针对性。

④连续性。应急救援活动包括应急准备、初期响应、应急扩大、应急恢

复等阶段，是连续的过程。为了指导应急组织或人员能在整个应急过程中发挥其应急作用，SOP 必须具有连续性。同时，随着事态的发展，参与应急的组织和人员会发生较大变化，因此还应注意 SOP 中应急功能的连续性。

⑤层次性。SOP 可以结合应急组织的组织机构和应急职能的设置，分成不同的应急层次。如针对某公司，可以有部门级应急标准操作程序、班组级应急标准操作程序，甚至到个人的应急标准操作程序。

（5）支持附件

应急活动的各个过程中的任务实施都要依靠支持附件的配合和支持。这部分内容最全面，是应急的支持体系。支持附件的内容很广泛，一般应包括如下内容。

①组织机构附件。

②法律法规附件。

③通信联络附件。

④信息资料数据库。

⑤技术支持附件。

⑥协议附件。

⑦通报方式附件。

2. 基本内容

完整的应急预案主要包括六个方面的内容。

（1）应急预案概况

应急预案概况主要描述生产经营单位概况，以及危险特性状况等，同时对紧急情况下应急事件、适用范围提供简述，并做必要说明，如明确应急方针与原则，作为开展应急救援工作的纲领。

（2）预防程序

预防程序是对潜在事故、可能的次生与衍生事故进行分析，并说明所采取的预防和控制事故的措施。

（3）准备程序

准备程序应说明应急行动前所需采取的准备工作，包括应急组织及其职责权限、应急队伍建设和人员培训、应急物资的准备、预案的演习、公众的应急知识培训、签订互助协议等。

（4）应急程序

在应急救援过程中，存在一些必需的核心功能和任务，如接警与通知指挥与控制、警报和紧急公告、通信、事态监测与评估、警戒与治安、人群疏

散与安置、医疗与卫生、公共关系、应急人员安全、消防和抢险、泄漏物控制等。无论何种应急过程，都必须围绕上述功能和任务开展。应急程序主要指实施上述核心功能和任务的程序和步骤。

（5）恢复程序

恢复程序是说明事故现场应急行动结束后所需采取的清除和恢复行动。现场恢复是在事故被控制住后进行的短期恢复，从应急过程来说，意味着应急救援工作的结束，并进入到另一个工作阶段，即将现场恢复到一个基本稳定的状态。经验教训表明，在现场恢复的过程中往往仍存在潜在的危险，应充分考虑现场恢复过程中的危险，制定恢复程序，防止事故再次发生。

（6）预案管理与评审改进

应急预案是应急救援工作的指导文件。应当对预案的制定、修改、更新、批准和发布做出明确的管理规定，保证定期或在应急演习、应急救援后对应急预案进行评审，针对各种变化的情况以及预案中所暴露出的缺陷，不断地完善应急预案体系。

（三）应急预案编制

编制重大事故应急预案是应急救援准备工作的核心内容，是开展应急救援工作的重要保障。

1. 基本原则

无论是哪种类型的应急预案，其编制都应满足以下几点要求。

（1）应急预案要有针对性

应急预案是针对可能发生的事故为迅速有序地开展应急行动而预先制定的行动方案，因此，应急预案应结合危险分析的结果，针对可能发生的各类事故关键的岗位和地点、薄弱环节以及重要的工程进行编制，确保其有效性。

（2）应急预案要有科学性

事故应急救援工作是一项科学性很强的工作。编制应急预案，也必须以科学的态度，在全面调查研究的基础上，实行领导和专家相结合的方式，开展科学分析和论证，制定出决策程序和处置方案、科学应急手段、先进的应急反应方案，使应急预案真正具有科学性。

（3）应急预案要有可操作性

应急预案具有实用性或可操作性，即发生重大事故灾害时，有关应急组织人员可以按照应急预案的规定，迅速有序、有效地开展应急与救援行动，降低事故损失。为确保应急预案实用、可操作，重大事故应急预案编制机构应充分分析、评估可能存在的重大危险及其后果，并结合自身应急资源能力的实际，对应急过程的一些关键信息，如潜在重大危险及后果分析、支持保障条件、决策指挥与协调机制等，进行详细而系统的描述。同时，各责任方应确保重大事故应急所需的人力、设施和设备、财政支持以及其他必要资源。

（4）应急预案要有完整性

应急预案内容应完整，包含实施应急响应行动所需的所有基本信息。应急预案的完整性主要体现在功能、职能完整，应急过程完整，适用范围完整。

（5）应急预案要有符合性

应急预案中的内容应符合国家相关法律法规、国家标准的要求。上海有关安全生产事故应急预案的编制工作必须遵守相关法律法规的规定，如《安全生产法》《中华人民共和国突发事件应对法》和《上海市安全生产条例》等。

（6）应急预案要有可读性

应急预案应当包含应急所需的所有基本信息，这些信息如组织不善，可能会影响预案执行的有效性。因此，预案中信息的组织应有利于使用和获取，并具备相当的可读性，且易于查询，语言简洁，通俗易懂，层次及结构清晰。

（7）应急预案要相互衔接

重大事故应急预案应与其他相关应急预案协调一致，相互兼容。其他预案的范围包括上级应急预案，如政府主管部门应急预案、下级应急预案；与其他灾种的应急预案，如环境突发事件应急预案。安全生产事故一旦超出当地自身的应急能力，则需要其他地区的应急援助。因此，安全生产事故应急预案必须与周边区域或上级政府的应急预案有效衔接，确保应急救援工作的成效。安全生产事故应急预案在内容上应考虑衔接问题，如发生事故后的及时上报，向上级政府的救援请求，外部应急救援队伍到现场后的协同作战等。

2. 应急预案编制的核心要素

在编制预案时，一个重要问题是预案应包括哪些基本内容，才能满足应急活动的需求。因为应急预案是整个应急管理工作的具体反映，它的内容不仅限于事故或事件发生过程中的应急响应和救援措施，还应包括事故发生前的各种应急准备和事故发生后的紧急恢复，以及预案的管理与更新等。因此，完整的应急预案编制应包括以下一些基本要素，即分为六个一级关键要素，包括方针与原则；应急策划；应急准备；应急响应；现场恢复；预案管理与评审改进，见表 5–1。

表5-1　突发事件应急预案核心要素

一级关键要素	二级要素
方针与原则	
应急策划	危险分析 资源分析 法律法规要求
应急准备	机构与职责 应急资源 教育、训练和演习 互助协议
应急响应	接警与通知 指挥与控制 警报和紧急公告 通信
应急响应	事态监测与评估 警戒与治安 人群疏散与安置 医疗与卫生 公共关系 应急人员安全 消防与抢险
现场恢复	
预案管理与评审改进	

六个一级关键要素之间既具有一定的独立性，又紧密联系，从应急的方针、策划、准备、响应、恢复到预案的管理与评审改进，形成了一个有机联系并持续改进的应急管理体系。根据一级关键要素中所包括的任务和功能，应急策划、应急准备和应急响应三个一级关键要素可进一步划分成若干个二级要素。所有这些要素构成了重大事故应急预案的核心要素。这些要素是重大事故应急预案编制应当涉及的基本方面，在实际编制时，根据风险和实际情况的需要，也为便于预案内容的组织，可根据自身实际，将要素进行合并、增加、重新排列或适当的删减等。这些要素在应急过程中也可视为应急功能。

（1）方针与原则

无论是何级或何类型的应急救援体系，首先必须有明确的方针和原则，作为开展应急救援工作的纲领。方针与原则反映了应急救援工作的优先方向、政策、范围和总体目标，应急的策划和准备、应急策略的制定和现场应急救援及恢复，都应当围绕方针和原则开展。

安全生产事故应急救援工作是在预防为主的前提下，贯彻统一指挥、分级负责、区域为主、单位自救和社会救援相结合的原则。其中，预防工作是应急救援工作的基础。除了平时做好事故的预防工作，避免或减少事故的发生外，还要落实好救援工作的各项准备措施，做到预先有准备，一旦发生事故，就能及时实施救援。

救援中应考虑到继发的影响，不能因为救援进一步产生次生灾害或扩大了环境的污染，使事态扩大。如 2005 年“3 · 29”京沪高速淮安段液氯泄漏特大事故，造成 29 人中毒死亡，大片农田被污染，组织疏散村民群众 1 万多人。

（2）应急策划

应急预案最重要的特点是要有针对性和可操作性。因而，应急策划必须明确预案的对象和可用的应急资源情况，即在全面系统地认识和评价所针对的潜在事故类型的基础上，识别出重要的潜在事故、性质、区域、分布及事故后果。同时，根据危险分析的结果，分析评估应急救援力量和资源情况，为所需的应急资源准备提供建设性意见。在进行应急策划时，应当列出国家、地方相关的法律法规，作为制定预案和应急工作授权的依据。因此，应急策划包括危险分析、应急能力评估（资源分析）及法律法规要求等三个二级要素。

（3）应急准备

主要针对可能发生的突发事件，应做好的各项准备工作。能否成功地在应急救援中发挥作用，取决于应急准备的充分与否。应急准备基于应急策划的结果，明确所需的应急组织及其职责权限、应急队伍的建设和人员培训、应急物资的准备、预案的演习、公众的应急知识培训和签订必要的互助协议等。

（4）应急响应

应急响应能力的体现，应包括需要明确并实施在应急救援过程中的核心功能和任务。这些核心功能具有一定的独立性，又互相联系，构成应急响应的有机整体，共同完成应急救援目的。

应急响应的核心功能和任务包括接警与通知、指挥与控制、警报和紧急公告、通信、事态监测与评估、警戒与治安、人群疏散与安置、医疗与卫生、公共关系、应急人员安全、消防和抢险、现场处置等。当然，根据突发事件风

险性质以及应急主体的不同，需要的核心应急功能也可有一些差异。

（5）现场恢复

现场恢复是事故发生后期的处理。例如，泄漏物的污染问题处理、环境污染评估、伤员的救助、后期的保险索赔、交通秩序的恢复等一系列问题。

（6）预案管理与评审改进

强调在事故后（或演练后）对于预案不符合和不适宜的部分进行不断地修改和完善，使其更加适宜实际应急工作的需要。预案的修改和更新要有一定的程序和相关评审指标。

3. 应急预案编制步骤

预案的编制应该具有相对灵活性，但为了便于预案的管理以及预案的实施与有效衔接，给预案的编制提供一定的指导，许多国家均针对预案编制提出了相应的指南。如美国联邦应急管理局编制了《综合应急计划编制指南》，我国国家安全生产监督管理总局发布了《生产经营单位安全生产事故应急预案编制导则》（GB/T 29639—2013）来指导企业编制应急预案。

应急预案的具体编制过程可分以下六个步骤。

（1）成立应急预案编制工作组

生产经营单位应结合本单位部门职能和分工，成立以单位主要负责人（或分管负责人）为组长，单位相关部门人员参加的应急预案编制工作组，明确工作职责和任务分工，制定工作计划，组织开展应急预案编制工作。

（2）资料收集

应急预案编制工作组应收集与预案编制工作相关的法律法规、技术标准、应急预案、国内外同行业企业事故资料，同时收集本单位安全生产相关技术资料、周边环境影响、应急资源等有关资料。

（3）风险评估

主要内容包括分析生产经营单位存在的危险因素，确定事故危险源；分析可能发生的事故类型及后果，并指出可能产生的次生、衍生事故；评估事故的危害程度和影响范围，提出风险防控措施。

（4）应急能力评估

在全面调查和客观分析生产经营单位应急队伍、装备、物资等应急资源状况基础上开展应急能力评估，并依据评估结果，完善应急保障措施。

（5）编制应急预案

依据生产经营单位风险评估及应急能力评估结果，组织编制应急预案。应急预案编制应注重系统性和可操作性，做到与相关部门和单位应急预案相衔接。

（6）应急预案评审

应急预案编制完成后，生产经营单位应组织评审。评审分为内部评审和外部评审，内部评审由生产经营单位主要负责人组织有关部门和人员进行。外部评审由生产经营单位组织外部有关专家和人员进行评审。应急预案评审合格后，由生产经营单位主要负责人（或分管负责人）签发实施，并进行备案管理。

四、应急救援人员防护体系

在很多应急救援情况下，应急救援人员都会在有泄漏、爆炸、火灾等危险源的地方工作，因此，必须建立完备的救援人员防护体系。

应急救援现场专用的通行标志、人员伤亡程度颜色分类牌、防护服、面具应存放在固定地点，由专人保管。在应急救援时，能够立即取出，保证应急用品处于完好状态。

（一）应急救援人员现场着装和标志

应急人员穿戴防护服，以防护火灾或有毒液体、气体等危险。使用防护服的目的有三个：保护应急人员在营救操作时免受伤害；在危险条件下应急人员能进行恢复工作；逃生。

为便于对救援现场各类人员的识别和指挥，参加应急救援的人员应在着装上有所区别，并佩带特别通行证。

应急救援人员的现场着装和标志要求如下。

（1）总指挥应当戴橙色头盔，身穿橙色外衣，外衣前后印有“总指挥”的反射性字样。

（2）消防指挥应当戴红色头盔，身穿红色外衣，外衣前后印有“消防指挥”的反射性字样。

（3）公安指挥应当戴蓝色头盔，身穿蓝色外衣，外衣前后印有“公安指挥”的反射性字样。

（4）医疗指挥应当戴白色头盔，身穿白色外衣，外衣前后印有“医疗指挥”的反射性字样。

（5）事故单位的指挥人员，应当戴黄色头盔，身穿黄色外衣，外衣前后印有“指挥员”的反射性字样。

（6）医疗人员参加救援行动时，必须穿印有反光急救字样的白色急救工作服。

（7）公安局参加救援行动的人员着警服。

（8）消防队员着全套消防战斗服。

（9）其他单位参加救援行动人员着本岗位的服装。

（二）救援人员防护及救援设备

消防人员执行特殊任务（如在精炼厂救火）时，可能穿戴防热辐射的特殊服装。在泄漏清除工作时，可使用对化学物质有防护性的服装（防酸服），以减少皮肤与有毒物质的接触。气囊状服装可避免环境与皮肤之间的任何接触，这种服装有救生系统，从整体上把人员密封起来，可在有极端防护要求时使用。

安全帽可在一定程度上防止下落物体的冲击伤害。

在火灾和危险物质泄漏应急中，呼吸保护是必须的，自持性呼吸器和稍差一些的防毒面具则是这些应急行动中最重要的防护设备。

呼吸器主要用于应急人员执行长期暴露于有毒环境的任务时，如营救燃烧建筑中的人员，或处理化学泄漏事故。处理化学泄漏事故时，应急人员要通过关闭切断阀来防止泄漏，如果这种操作不能遥控，就必须由一组应急人员穿戴呼吸器到阀门处进行人工切断。同样，贮罐破裂有毒物质泄漏，有时需进行堵漏，也要求呼吸器等防护设备。除了自持性呼吸器，这些操作还要求穿戴全身防护服，以防止化学物质通过皮肤进入身体。

应急人员使用呼吸器需要接受训练。呼吸器在逃生时特别重要，应该贮藏在专门场所，如控制室、应急指挥中心、消防站、特殊设施和应急供应仓库。此外，油缸呼吸器应该通过维修保养，定期检查和使用。

防毒面具用于逃生，一般有两种类型。第一种类似自持性呼吸器，但它提供空气的时间很有限（通常 5 min），可使人员到达安全处所或逃到无污染区。这种呼吸器由头部面罩或头盔以及气瓶组成，用胶带携带，比较方便。

第二种防毒面具是一种空气净化装置，依赖于过滤或吸收罐提供可呼吸空气。它与军事中的防毒面具类似，只针对专门气体才有效，要求环境中有足够的氧气供应急人员呼吸（极限情况为 16%）。这种装置只有在氧气浓度至少为 19.5%、有毒浓度在 0.1% ～ 2% 时才适用。此外，这种防毒面具在过滤器的活化物质吸收饱和时就失效了，而且过滤器中的活化物质会由于长时间放置而失效，因此要求定期维修保养。这种防毒面具的优点是穿戴时间短、简便。

五、化学事故应急演练

应急演练是指来自多个机构、组织或群体的人员针对假设事件，执行实际紧急事件发生时各自的职责和任务的排练活动。

应急预案一旦编制完成并正式发布，相关人员也经过培训后，就应开始应急演练，通过应急演练检查预案的可行性，并检查重大事故的应急需要。

（一）应急演练概论

1. 应急演练的作用

开展应急演习的主要作用是检验预案、锻炼队伍、磨合机制和教育群众。

（1）检验预案：通过演习，检验应急预案相关组织和人员对应急预案的熟悉程度，发现应急预案存在的问题，以修改完善应急预案，提高应急预案的适用性和可操作性。

（2）锻炼队伍：通过演习，提高应急相关人员的应急处置能力。

（3）磨合机制：通过演习过程，澄清相关各方的职责，改善不同机构、人员之间的沟通和协调机制。

（4）教育群众：通过演习，加强公众、媒体对应急预案和应急管理工作的理解，增强公众的公共安全意识。

2. 应急演练的方法

（1）桌面演练

基本任务是锻炼参演人员解决问题的能力，解决应急组织相互协作和职责划分的问题。桌面演练一般在会议室举行，由应急组织的代表或关键岗位人员参加，针对有限的应急响应和内部协调活动，按照应急预案及标准工作程序，讨论紧急情况时应采取的行动。事后采取口头评论形式收集参演人员的建议，提交一份简短的书面报告，总结演练活动，提出有关改进应急响应工作的建议，为功能演练和全面演练做准备。

（2）功能演练

基本任务是针对应急响应功能，检验应急人员以及应急体系的策划和响应能力。功能演练一般在应急指挥中心或现场指挥部进行，并可同时开展现场演练，调用有限的应急设备。演练完成后，除采取口头评论形式外，还应向有关部门提交有关演练活动的书面报告，并提出改进建议。

（3）全面演练

基本任务是对应急预案中全部或大部分应急响应功能进行检验，以评价

应急组织应急运行和相互协调的能力。全面演练为现场演练，演练过程要求尽量真实，调用更多的应急人员和资源，进行实战性演练，可采取交互式进行，一般持续几个小时或更长时间。演练完成后，除采取口头评论外，还应提交正式的书面报告。

应急预案演练前应建立演练领导小组或策划小组，制订详细的演练计划，经过充分的准备后才可实施。尤其是全面演练，过程复杂，牵涉到许多部门，事前更应经过周密的策划。演练过程一般可划分为演练准备、演练实施和演练总结三个阶段。参与演练的人员包括参演人员、控制人员、模拟人员、评价人员和观摩人员。

3. 应急演练的目标

应急演练目标是指检查演练效果，评价应急组织、人员应急准备状态和能力的指标。下述 18 项演练目标基本涵盖重大事故应急准备过程中应急机构、组织和人员应展示出的各种能力。在设计演练方案时应围绕这些演练目标展开。

（1）应急动员：主要展示通知应急组织、动员应急响应人员的能力。

（2）指挥和控制：主要展示指挥、协调和控制应急响应活动的能力。

（3）事态评估：主要展示获取事故信息、识别事故原因和致害物、判断事故影响范围及其潜在危险的能力。

（4）资源管理：主要展示动员和管理应急响应行动所需资源的能力。

（5）通信：主要展示与所有应急响应地点、应急组织和应急响应人员有效通讯交流的能力。

（6）应急设施、装备和信息显示：主要展示应急设施、装备、地图、显示器材及其他应急支持资料的准备情况。

（7）警报与紧急公告：主要展示向公众发出警报和宣传保护措施的能力。

（8）公共信息：主要展示及时向媒体和公众发布准确信息的能力。

（9）公众保护措施：主要展示根据危险性质制定并采取公众保护措施的能力。

（10）应急响应人员安全：主要展示监测、控制应急响应人员面临的危险的能力。

（11）交通管制：主要展示控制交通流量、控制疏散区和安置区交通出入口的组织能力和资源。

（12）人员登记、隔离与去污：主要展示监控与控制紧急情况的能力。

（13）人员安置：主要展示收容疏散人员的程序、安置设施和装备以及服务人员的准备情况。

（14）紧急医疗服务：主要展示有关转运伤员的工作程序、交通工具、设施和服务人员的准备情况。

（15）24 h 不间断应急：主要展示保持 24 h 不间断的应急响应能力。

（16）增援国家、省及其他地区：主要展示识别外部增援需求的能力和向国家、省及其他地区的应急组织提出外部增援要求的能力。

（17）事故控制与现场恢复：主要展示采取有效措施控制事故发展和恢复现场的能力。

（18）文件化与调查：主要展示为事故及其应急响应过程提供文件资料的能力。

4. 应急演练的任务

应急演练过程可划分为演练准备、演练实施和演练总结三个阶段，如图 5-4 所示。

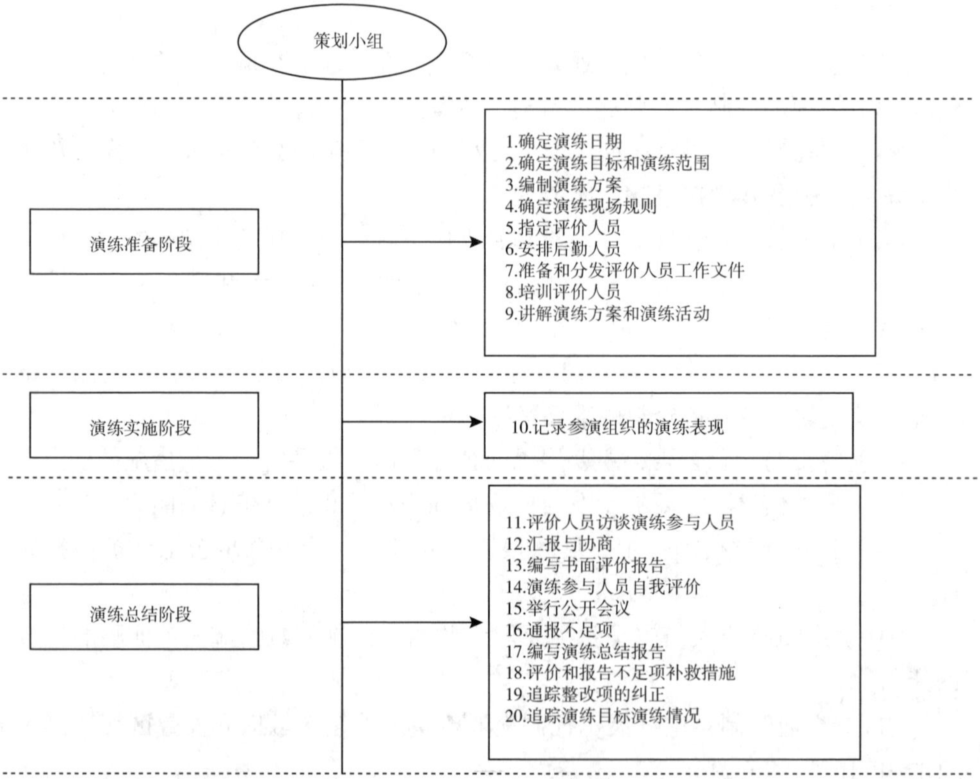

策划小组

演练准备阶段

1.确定演练日期
2.确定演练目标和演练范围
3.编制演练方案
4.确定演练现场规则
5.指定评价人员
6.安排后勤人员
7.准备和分发评价人员工作文件
8.培训评价人员
9.讲解演练方案和演练活动

演练实施阶段

10.记录参演组织的演练表现

演练总结阶段

11.评价人员访谈演练参与人员
12.汇报与协商
13.编写书面评价报告
14.演练参与人员自我评价
15.举行公开会议
16.通报不足项
17.编写演练总结报告
18.评价和报告不足项补救措施
19.追踪整改项的纠正
20.追踪演练目标演练情况

图 5-4　综合性应急演练实施的基本过程

应急演练是由多个组织共同参与的一系列行为和活动，所以按照应急演练的三个阶段，可将演练前后应完成的内容和活动分解并整理成以下 20 项单独的基本任务。

（1）确定演练日期。

（2）确定演练目标和演练范围。

（3）编写演练方案。

（4）确定演练现场规则。

（5）指定评价人员。

（6）安排后勤工作。

（7）准备和分发评价人员工作文件。

（8）培训评价人员。

（9）讲解演练方案和演练活动。

（10）记录应急组织演练表现。

（11）评价人员访谈演练参与人员。

（12）汇报与协商。

（13）编写书面评价报告。

（14）演练参与人员自我评价。

（15）举行公开会议。

（16）通报不足项

（17）编写演练总结报告。

（18）评价和报告不足项补救措施。

（19）追踪整改项的纠正。

（20）追踪演练目标演练情况。

（二）应急演练准备

1. 演练策划小组

开展重大事故应急演练前应建立演练领导机构，即成立应急演练策划小组或应急演练领导小组。策划小组在应急演练准备阶段应确定演练目标和范围，编写演练方案，制定演练现场规则，并进行人员培训。

2. 演练目标与演练范围选择

策划小组应事先确定本次应急演练的一组目标，并确定相应的演练范围。

3. 演练方案编写

演练方案是指根据演练目的和应达到的演练目标，对演练性质、规模、参演单位和人员、假想事故、情景事件及其顺序、气象条件、响应行动、评价标准与方法、时间尺度等制定的总体设计。编写演练方案应以演练情景设计为基础。

4. 演练现场规则

演练现场规则或演练安全计划是指为确保演练安全而制定的对有关演练和演练控制、参与人员职责、实际紧急事件、法规符合性、演练结束程序等事项的规定或要求。演练安全既包括演练参与人员的安全，也包括公众和环境的安全。

5. 评价人员指定和培训

策划小组在组织实施功能和全面演练前，应按要求确定演练所需评价人员的数量和应具备的专业技能，分配评价人员所负责的应急组织和演练目标，并为这些评价人员提供现场评价方法和程序方面的培训。

6. 演练方案介绍

策划小组在完成重大事故应急演练准备，以及对演练方案、演练场地、演练设施和演练保障措施的最后调整后，应在演练前夕分别召开控制人员、评价人员和演练人员的情况介绍会，确保所有演练参与人员了解演练现场规则、演练情景和演练计划中与各自工作相关的内容。

（三）应急演练实施

应急演练实施阶段是指从宣布初始事件起到演练结束的整个过程。应急演练活动一般始于报警信息，在此过程中，参演应急组织和人员应尽可能按实际紧急事件发生时的响应要求进行演练，即“自由演练”，由参演应急组织和人员根据自己关于最佳解决方法的理解，对情景事件做出响应行动。

演练过程中，控制人员向演练人员传递控制信息，提醒演练人员终止对情景演练具有负面或超出演练范围的行动，提醒演练人员采取必要行动以正确展示所有演练目标，终止演练人员的不安全行为，延迟或终止情景事件的演练。

（四）应急演练评价与总结

对演练的效果进行评审，提交评审报告，并详细说明演练过程中发现的问题。

1. 应急演练评价

（1）不足项

不足项是指演练过程中观察或识别出的应急准备缺陷，可能导致在紧急

事件发生时，不能确保应急救援体系有能力采取合理应对措施。发现不足项应在规定的时间内予以纠正。策划小组负责人应对该不足项详细说明，并给出应采取的纠正措施和完成期限。

（2）整改项

整改项是指演练过程中观察或识别出的，不可能在应急救援中对公众的安全与健康造成不良影响的应急准备缺陷。发现整改项应在下次演练前予以纠正。

（3）改进项

改进项是指应急准备过程中应予改善的问题，不会对人员的生命安全与健康产生严重影响，应视情况予以改进，不要求必须纠正。

2. 应急演练总结

演练结束后，演练总结是全面评价演练是否达到演练目标、应急准备水平以及是否需要改进的一个重要步骤，也是演练人员进行自我评价的机会。根据应急演练任务相关要求，演练总结与讲评可以通过访谈、汇报、协商、自我评价、公开会议和通报等形式完成。

策划小组负责人应在演练结束规定期限内，根据评价人员演练过程中收集和整理的资料，以及从演练人员和公开会议中获得的信息，编写演练报告并提交给管理部门。演练报告是对演练情况的详细说明和对该次演练的评价。

第三节　危险化学品运输安全管理策略分析

运输是危险化学品流通过程中的重要环节。危险化学品运输相当于炸弹在公众场合运动，将危险源从相对密闭的工厂、车间、仓库带到开放的、可能与公众密切接触的空间，使事故的危害程度大大增加，同时也由于运输过程中多变的状态和环境而使事故的概率大大增加。危险化学品运输是危险性较大的作业，可惜的是危险化学品运输的危险性目前尚没有被人们普遍重视。因此应当对危险化学品的运输安全进行合理管理，实施相关策略进行管控。

一、危险化学品运输的立法

1. 危险化学品运输的国际立法

（1）联合国危险货物运输专家委员会及危险货物运输规章范本

联合国危险货物运输专家委员会是联合国经济及社会理事会于 1953 年设

立的专门研究国际间危险货物安全运输问题的国际组织。1955 年该委员会提交了第一份工作报告。报告提出了危险品的分类、编号、包装、标志和运输文件以及最低要求。1956 年报告改为《联合国危险货物运输建议书》，1996 年改为现在的《联合国危险货物运输规章范本》(大橘皮书)形式，同时配套出版《试验和标准手册》(小橘皮书)。

《规章范本》(大橘皮书)包括危险货物分类原则和各类别的定义、主要危险货物的列表、一般包装要求，试验程序、标记、标签或揭示牌运输单据等。此外，还对特定类别货物提出了特殊要求。随着联合国危险货物运输分类列表、包装、标记、标签、揭示牌和单据制度的推广和普遍采用，将大大简化运输、装卸和检查手续，缩短办事时间，从而使托运人、承运人和管理部门受益。总之，通过这一制度的实行，将方便各方面的工作，相应地减少国际间危险货物运输中的障碍，促进被归类为“危险”的货物贸易稳步增长，其好处将日益明显。

(2)国际海运危险货物规则

中国于 1973 年正式加入国际海事组织(IMO)，现为该组织的 A 类理事国。此后，中国陆续批准和承认了一系列相关的国际公约和规则。国际海事组织颁布的《国际海运危险货物规则》作为国际间危险品海上运输的基本制度和指南，得到了海运国家的普遍认可和遵守，主要包括总则、定义、分类、品名表、包装、托运程序、积载等内容和要求。该规则每两年修订出版一次。

自 2000 年第 30 版开始，国际海事组织对《国际海运危险货物规则》改版，主要采用《联合国危险货物运输规章范本》推荐的分类和品名表，迈出了统一危险货物规则的第一步。新版本还增加了培训、禁运危险货物品名表和放射性物质运输要求等内容。我国从 1982 年开始在国际海运中执行《国际海运危险货物规则》和相关的国际公约和规则，并参加《国际海运危险货物规则》的修订工作。

2. 危险化学品运输的国内立法

中国的危险化学品国内立法直接受到国际立法的影响。10 多年前颁布的国家标准《危险货物分类与品名编号》(GB 6944)和《危险货物品名表》(GB 12268)主要参考和吸收了联合国橘皮书的内容。

而这两个标准则是我国新旧《危险化学品安全管理条例》和《水路危险货物运输规则》等法规、规章的重要依据和组成部分之一。与国际立法一样，确认危险化学品危险性质也是国内运输立法的核心和前提。我国各种方式运输危险品管理法规规章中的危险品性质的确定均以《危险货物品名表》(GB 12268)

为依据制定相应的危险货物品名表，它是危险品管理法规规章中的重要组成部分。

由于《危险货物品名表》具有规定危险品名称和分类，限定危险品范围和运输条件以及确定危险品包装等级与性能标志等作用，在行政管理和业务操作中用处很大，我们要学会查阅和使用它。

《联合国危险货物运输规章范本》中危险品品名表的品名编号是 4 位数，而我国标准规定的危险品品名编号是 5 位数，第一位数表示类别号，第二位数表示项别号，第三到第五位数为顺序号。如果顺序号小于或等于 500 号，为 I 级危险品；大于 500 号则为 II 级危险品。这种编号具有方便、直观的特点，从品名编号本身可直接知道该危险品的危险类别和危险程度。例如，危险品碳化钙（电石），其品名编号为 43025，由此可以看出，它是属于第 4 类第 3 项、一级遇湿易燃固体危险品。

1996 年交通部颁布《水路危险货物运输规则》是在总结我国现有危险货物运输实践经验、参照国际规则制定的。它不仅依据我国相关的法律法规，主要是参照国际海事组织的《国际海运危险货物规则》和联合国《危险货物运输建议书》以及相关的国际公约规则而制订的，内容包括船舶运输的积载隔离，危险货物的品名、编号、分类、标记、标识，包装检测标准等。《水路危规》从中国实际出发，具有自己鲜明的特点，特别是在危险货物品名编号、货物分类、适用范围、危险货物明细表、总体格式和运输协调等几方面。《水路危险货物运输规则》适用于国内水路危险化学品运输。

现有公路危险货物运输规则包含交通部颁布《道路危险货物运输管理规定》汽车运输危险货物品名表、国家标准《道路运输危险货物车辆标志》（GB 13392）和行业标准《汽车危险货物运输规则》（JT 3130）等。

《道路危险货物运输管理规定》规定了从事道路危险货物运输单位的设立条件和申办程序，对道路危险货物的托运和运输、从事危险货物运输车辆的维修和改造提出了办理程序和管理要求，还对事故处理、监督检查作了规定。

1987 年 2 月中国首次颁布《化学危险物品安全管理条例》，经过若干次重新修订，更名为《危险化学品安全管理条例》（以下简称《条例》），现行版《条例》经过 2013 年 12 月 4 日国务院第 32 次常务会议通过，2013 年 12 月 7 日公布并于公布之日起施行。《条例》明确了各有关部门的安全管理职责和权限，对危险化学品生产、运输、仓储、销售、使用和废弃物处置等各个环节的安全管理要求和方法做了规定。有关运输安全，《条例》设置了独立章节，细化了危险化学品通过道路、水路的各项安全管理规定，并对通过铁路、航空运输危险化学品的情况进行了指导说明。

二、危险化学品运输的安全管理

危险化学品运输安全与否，直接关系社会的稳定和人民生命财产的安全。对危险化学品安全运输的一般要求是认真贯彻执行《危险化学品安全管理条例》(以下简称《条例》)以及其他有关法律和法规规定，管理部门要把好市场准入关，加强现场监管，在整顿和规范运输秩序的同时，加强行业指导和改善服务，企业要建立健全规章制度，依法经营，加强管理，重视培训，努力提高从业人员安全生产的意识和技术业务水平，从本质上提升危险化学品运输企业的素质。

(一)运输单位资质认定

《条例》第三十五条规定，从事剧毒化学品、易制爆危险化学品经营的企业，应当向所在地设区的市级人民政府安全生产监督管理部门提出申请，从事其他危险化学品经营的企业，应当向所在地县级人民政府安全生产监督管理部门提出申请(有贮存设施的，应当向所在地设区的市级人民政府安全生产监督管理部门提出申请)。申请人应当提交其符合本条例第三十四条规定条件的证明材料。设区的市级人民政府安全生产监督管理部门或者县级人民政府安全生产监督管理部门应当依法进行审查，并对申请人的经营场所、贮存设施进行现场核查，自收到证明材料之日起30日内作出批准或者不予批准的决定。予以批准的，颁发危险化学品经营许可证；不予批准的，书面通知申请人并说明理由。

设区的市级人民政府安全生产监督管理部门和县级人民政府安全生产监督管理部门应当将其颁发危险化学品经营许可证的情况及时向同级环境保护主管部门和公安机关通报。

申请人持危险化学品经营许可证向工商行政管理部门办理登记手续后，方可从事危险化学品经营活动。法律、行政法规或者国务院规定经营危险化学品还需要经其他有关部门许可的，申请人向工商行政管理部门办理登记手续时还应当持相应的许可证件。

交通部门要按照《条例》和运输企业资质条件的规定，从源头抓起，对从事危险货物运输的车辆、船舶、车站和港口码头及其工作人员实行资质管理，严格执行市场准入和持证上岗制度，保证符合条件的企业及其车辆或船舶进入危险化学品运输市场。针对当前从事危险化学品运输的单位和个人参差不齐、市场比较混乱的情况，要通过开展专项整治工作，对现有市场进行清理整

顿，进一步规范经营秩序和提高安全管理水平。同时，要结合对现有企业进行资质评定，采取积极的政策措施，鼓励那些符合资质条件的单位发展高度专业化的危险化学品运输。对那些不符合资质条件的单位要限期整改或请其出局。交通部门已颁发有关管理规定，要求经营危险化学品运输的企业应具备相应的企业经营规模、承担风险能力、技术装备水平、管理制度员工素质等条件。从事水路危险货物运输的企业要求具备一定的资金条件，安全管理能力、自有适航船舶和适任船员等，另外还有船龄要求，对从事公路危险货物运输的企业单位要求有相应的资金条件，车辆设备应符合《汽车危险货物运输规则》规定的条件，作业人员和营运管理人员应经过培训合格方可上岗，有健全的管理制度以及危险品专用仓库等。

在开展的危险化学品专项整治工作中，结合贯彻《条例》精神，从加强管理入手，以实现危险化学品运输安全形势明显好转为目标，全面整治现行危险化学品运输市场。交通部门要按照《条例》规定，认真履行职责，严格审查各种资质许可证书的审核发放。同时加强监督，严格把关，严禁使用不符合安全要求的车辆、船舶运输危险化学品，严禁个体业主从事危险化学品的运输。要加强与安全管理综合部门以及公安、消防、质量监督等部门的协作与配合，加大对危险化学品非法运输的打击力度。通过对包括装卸和贮存等环节在内的危险化学品运输全过程的严格管理和突击整治，全面落实有关危险化学品安全管理的法规和制度。还要积极研究、探讨利用 ITS、GPS 等高新技术对剧毒化学品运输实行全过程跟踪管理的方法和措施。

（二）加强现场监督检查

企业、单位托运危险化学品或从事危险化学运输，应按照本《条例》和国务院交通主管部门的规定办理手续，并接受交通、港口、海事管理等其他有关部门的监督管理和检查。各有关部门应加强危险化学品运输装卸、贮存等现场的安全监督，严格把好危险货物申报关和进出口关，并根据实际情况需要实施监装工作。督促有关企业、单位认真贯彻执行有关法律法规和规章的规定以及国家标准的要求，重点做好以下现场管理工作。

（1）加强运输生产现场科学管理和技术指导，并根据所运输危险化学品的危险特殊性，采取必要的针对性的安全防护措施。

（2）搞好重点部位的安全管理和巡检，保证各种生产设备处于完好和有效状态。

（3）严格执行岗位责任制和安全管理责任制。

（4）坚持对车辆、船舶和包装容器进行检验，做到不合格、无标志的一律不得装卸和启运。

（5）加强对安全设施的检查，制定本单位事故应急救援预案，配备应急救援人员和设备器材，定期演练，提高对各种恶性事故的预防和应急反应能力。

《条例》第四十三条规定从事危险化学品道路运输、水路运输的，应当分别依照有关道路运输、水路运输的法律、行政法规的规定，取得危险货物道路运输许可、危险货物水路运输许可，并向工商行政管理部门办理登记手续。危险化学品道路运输企业、水路运输企业应当配备专职安全管理人员。

第四十四条规定危险化学品道路运输企业、水路运输企业的驾驶人员、船员、装卸管理人员、押运人员、申报人员、集装箱装箱现场检查员应当经交通运输主管部门考核合格，取得从业资格。具体办法由国务院交通运输主管部门制定。危险化学品的装卸作业应当遵守安全作业标准、规程和制度，并在装卸管理人员的现场指挥或者监控下进行。水路运输危险化学品的集装箱装箱作业应当在集装箱装箱现场检查员的指挥或者监控下进行，并符合积载、隔离的规范和要求；装箱作业完毕后，集装箱装箱现场检查员应当签署装箱证明书。

（三）严格剧毒化学品运输的管理

剧毒化学品运输分公路运输、水路运输和其他形式的运输。《条例》从保护内河水域环境和饮用水安全的角度规定，禁止利用内河以及其他封闭水域等水路运输渠道运输剧毒化学品。内河一般指海运船舶不能到达的水域。如地处黄浦江的上海港、珠江的广州港，都属于海港，而不是内河港，其所在水域属于海的延伸，类似情况还有长江的南京以下各港。《条例》第三条规定，内河禁运剧毒化学品目录由国务院经济贸易综合管理部门会同国务院公安、生态环境、卫生、质检、交通部门确定并公布。按联合国橘皮书的规定，剧毒化学品为列入该规章范本危险货物品名表主副危险为 6.1 类且包装类别为 I 类的化学物质。另据有关方面研究，内河禁运剧毒化学品主要包括氰化物（61001）、氰化物溶液（61002）、无水氰化氢（61003）、含量不大于 20% 的氢氰酸（61004）、氢氰酸熏剂（61005）、砷粉（61006）、三氧化二砷（61007）、亚砷酸盐类（61009）、五氧化二砷（61010）、焦砷酸（61011）、砷酸盐类（61012）、三氯化砷（61013）、三碘化砷（61014）、一级有机磷固态农药（61025）、一级有机磷液态农药（61126）和硫酸二甲酯（61116）等。

除剧毒化学品外，内河禁运的其他危险化学品，《条例》明确由国务院交通部门规定。禁运危险化学品种类及范围的设定，以既不影响工业生产和人民生活又能遏制恶性事故发生为原则。

虽然剧毒化学品海上运输不在禁止之列，但也必须按照有关规定严格管理。《条例》对公路运输剧毒化学品做出了严格的规定。第五十条规定通过道路运输剧毒化学品的，托运人应当向运输始发地或者目的地县级人民政府公安机关申请剧毒化学品道路运输通行证。

申请剧毒化学品道路运输通行证，托运人应当向县级人民政府公安机关提交下列材料：

1. 拟运输的剧毒化学品品种、数量的说明；

2. 运输始发地、目的地、运输时间和运输路线的说明；

3. 承运人取得危险货物道路运输许可、运输车辆取得营运证以及驾驶人员、押运人员取得上岗资格的证明文件；

4. 本条例第三十八条第一款、第二款规定的购买剧毒化学品的相关许可证件，或者海关出具的进出口证明文件。

县级人民政府公安机关应当自收到前款规定的材料之日起 7 日内，作出批准或者不予批准的决定。予以批准的，颁发剧毒化学品道路运输通行证；不予批准的，书面通知申请人并说明理由。

剧毒化学品道路运输通行证管理办法由国务院公安部门制定。

（四）实行从业人员培训制度

狠抓技术培训，努力提高从业人员素质，是提高危险化学品运输安全质量的重要一环。《条例》第四条规定，危险化学品安全管理，应当坚持安全第一、预防为主、综合治理的方针，强化和落实企业的主体责任。

生产、贮存、使用、经营、运输危险化学品的单位（以下简称危险化学品单位）的主要负责人对本单位的危险化学品安全管理工作全面负责。

危险化学品单位应当具备法律、行政法规规定和国家标准、行业标准要求的安全条件，建立、健全安全管理规章制度和岗位安全责任制度，对从业人员进行安全教育、法制教育和岗位技术培训。从业人员应当接受教育和培训，考核合格后上岗作业；对有资格要求的岗位，应当配备依法取得相应资格的人员。

通过培训使托运人了解托运危险化学品的程度和办法，并能向承运人说明运输的危险化学品的品名、数量、危害、应急措施等情况，做到不在托运的普通货物中夹带危险化学品，不将危险化学品匿报或者谎报为普通货物托运。通过培训使承运人了解所运载的危险化学品的性质、危害特性、包装容器的使用特性、必须配备的应急处理器材和防护用品以及发生意外时的应急措施等。

为了搞好培训，主管部门要指导并通过行业协会制定教育培训计划，组织编写危险化学品运输应知应会教材和举办专业培训班，分级组织落实。为提高培训效果，把培训和实行岗位在职资质制度结合起来，由主管部门批准认可的机构组织统一培训考试发证。对培训机构要制定教育培训责任制度，确保培训质量。对只收费不负责任的培训机构应取消其培训资格。对企业管理和现场工作人员必须实行持证上岗，未经培训或者培训不合格的，不能上岗。对虽有证上岗但不严格按照规定和技术规范进行操作的人员应有严格的处罚制度。主管部门、行业协会和运输企业应加大这方面的工作力度。

三、危险化学品道路运输安全管理

1993 年由交通部颁布，并于 1994 年 3 月 1 日起施行的《道路危险货物运输管理规定》，对加强道路运输危险化学品货物的管理，提供了法律依据。

（一）道路运输安全管理基本要求

凡从事道路危险货物运输的单位，必须拥有能保证安全运输危险货物的相应设施设备。

从事营业性道路危险货物运输的单位，必须具有十辆以上专用车辆的经营规模，五年以上从事运输经营的管理经验，配有相应的专业技术管理人员，并已建立健全安全操作规程、岗位责任制车辆设备保养维修和安全质量教育等规章制度。

直接从事道路危险货物运输、装卸、维修作业和业务管理的人员，必须掌握危险货物运输的有关知识，经当地地（市）级以上道路运政管理机关考核合格，发给《道路危险货物运输操作证》，方可上岗作业。

运输危险货物的车辆、容器装卸机械及工具，必须符合交通部《汽车危险货物运输规则》（JT 3130）规定的条件，经道路运政管理机关审验合格。

（二）道路运输危险化学品货物的申请与审批

非营业性运输单位需从事道路危险货物运输时，需事前向当地道路运政管理机关提出书面申请，经审查，符合本规定运输基本条件的报地（市）级运政管理机关批准，发给《道路危险货物非营业运输证》，方可进行运输作业。

从事一次性道路危险货物运输，需报经县级道路运政管理机关审查核准，发给《道路危险货物临时运输证》方可进行运输作业。

凡申请从事营业性道路危险货物运输的单位，及已取得营业性道路运输经营资格需增加危险货物运输经营项目的单位，均须按规定向当地县级道路运政管理机关提出书面申请，经地（市）级道路运政管理机关审核，符合本规定基本条件的发给加盖道路危险货物运输专用章的《道路运输经营许可证》和《道路运输营运证》，方可经营道路危险货物运输。

（三）危险化学品货物安全运输管理

危险货物托运人在办理托运时必须做到如下几点。

（1）必须向已取得道路危险货物运输经营资格的运输单位办理托运。

（2）必须在托运单上填写危险货物品名、规格、件重、件数，包装方法、起运日期、收发货人详细地址及运输过程中的注意事项。

（3）货物性质或灭火方法相抵触的危险货物，必须分别托运。

（4）对有特殊要求或凭证运输的危险货物，必须附有相关单证，并在托运单备注栏内注明。

（5）托运未列入《汽车运输危险货物品名表》的危险货物新品种，必须提交《危险货物鉴定表》。

凡未按以上规定办理危险货物运输托运，由此发生运输事故，由托运人承担全部责任。

危险货物承运人在受理托运和承运时必须做到如下几点。

（1）根据托运人填写的托运单和提供的有关资料，予以查对核实，必要时应组织承托双方到货物现场和运输线路进行实地勘察，其费用由托运人负担。

（2）承运爆炸品、剧毒品、放射性物品及需控温的有机过氧化物、使用受压容器罐（槽）运输烈性危险品，以及危险货物月运量超过 100 吨，均应于起运前 10 天，向当地道路运政管理机关报送危险货物运输计划，包括货物品名、数量、运输线路、运输日期等。

（3）在装运危险货物时，要按《汽车危险货物运输规则》规定的包装要求，进行严格检查。凡不符合规定要求，不得装运。危险货物性质或灭火方法相抵触的货物严禁混装。

（4）运输危险货物的车辆严禁搭乘无关人员，运行中司乘人员严禁吸烟，停车时不准靠近明火和高温场所。

（5）运输结束后，必须清扫车辆，消除污染，其费用由货主负担。

凡未按以上规定受理托运和承运，由此发生运输事故，由承运人承担全部责任。

凡装运危险货物的车辆，必须按国家标准《道路运输危险货物车辆标志》（GB 13392）悬挂规定的标志和标志灯。

全挂汽车列车、拖拉机、三轮机动车、非机动车（含畜力车）和摩托车不准装运爆炸品、一级氧化剂、有机过氧化物；拖拉机还不准装运压缩气体和液化气体、一级易燃物品；自卸车辆不准装运除二级固体危险货物（指散装硫黄、煤焦沥青等）之外的危险货物。未经道路运政管理机关检验合格的常压容器，不得装运危险货物。

营业性危险货物运输必须使用交通部统一规定的运输单证和票据，并加盖《危险货物运输专用章》。

凡运输危险货物的单位，必须按月向当地道路运政管理机关报送危险货物运输统计报表。

专门从事危险货物运输的单位，要加强基础设施建设，逐步设置危险货物专用停车场及专用仓库、向专业化、专用化方向发展。

（四）维修管理

凡从事危险货物运输车辆维修、改装的单位，必须配备防爆、去污清洗等设备，划定专用修理车库，经道路运政管理机关审查批准，在技术合格证上加盖《危险货物运输车辆维修专用章》，方能从事维修、改装作业。

动用明火维修装运过易燃、易爆危险货物的罐（槽）车，要执行“动火”审批制度，作业前必须对车辆进行测爆和安全处理。

（五）事故处理

在运输危险货物的过程中，发生燃烧、爆炸、污染、中毒等事故，驾乘人员必须根据承运危险货物的性质，按规定要求，采取相应的救急措施，防止事态扩大，并应及时向当地道路运政机关和有关部门报告。共同采取措施，消除危害。

（六）监督检查

各级道路运政管理机关应依照本规定，加强对道路危险货物运输的监督检查。凡从事道路危险货物运输的单位和人员，必须接受道路运政管理机关的监督检查。道路运政管理机关应按本规定和有关技术规范，对道路危险货物运

输单位的运输条件、安全管理、专用防护设备、运输单证、运输质量和技术业务规范等，进行定期或不定期检查，发现隐患应及时消除。各级道路运政管理机关在检查中发现违章行为，应做好现场记录，经被检查人签字，作为处理违章的依据，按照交通部《道路运输违章处罚规定》（试行）处理。

第六章　危险化学品安全技术与管理实际案例研究

第一节　大型甲类仓库典型危险化学品爆炸灾害效应时空演化规律及防控策略

一、概述

危险化学品仓库是收发、贮存具有燃烧、爆炸、腐蚀、灼伤、中毒等危险特性的化工原料及化肥、农药、化工药品、化工试剂等物品的仓库。目前，我国危险化学品仓储主要分布于东南沿海、长江三角洲、珠江三角洲及环渤海湾地区，这些地区危险化学品仓储规模占我国危险化学品仓储业规模比例超过70%。据中国仓储协会危险品仓储分会估算，我国危险化学品仓储规模不能满足当前需求，供需缺口大于25%，部分区域甚至超过30%，危险化学品仓储业发展潜力巨大。

尽管未来我国危险化学品仓储业前景广阔，但是目前危险化学品仓储设施设备的建设还跟不上化工产业的发展脚步，频频发生的危化品贮存事故对人民群众的生命财产安全和环境造成极大损害。典型的特别重大事故，如1993年8月5日，深圳清水河危险化学品仓库由于过硫酸铵与硫化碱混存产生热量聚集，最终引发化学品爆燃，造成重大伤亡，导致直接经济损失超过2亿元；2015年，天津市滨海新区天津港的危险化学品仓库发生火灾爆炸事故，直接经济损失达68.66亿元。上述事故影响范围大，造成了一定程度的社会恐慌，严重影响人们的生产和生活。近年来，我国在危险化学品管理上严加防范，但危险化学品仓库爆炸事故仍较难遏制。2018年1月22日18时15分左右，河北省沧州市运河区小王庄镇白庄子村北一存放粉煤灰的仓库发生煤灰堆侧倾，导致仓库南墙坍塌，砸压并覆盖南侧沧州丽日蓝天环保科技有限公司房屋，3名人员死亡。2021 年 7 月 24 日下午，长春净月高新技术产业开发区一物流仓库发生火灾，火灾造成 15 人死亡、25 人受伤。另有数据显示，近几年我国仓储业共发生多起火灾爆炸事故。

甲类仓库由于储量大、种类多，且贮存物质多为低燃点、低爆炸下限、易分解、易氧化等不稳定性物质，极易发生火灾爆炸事故。甲类仓库在结构上属于受限空间，其外部尺寸、内部堆垛均会影响爆炸冲击波与火焰传播，诱发爆炸冲击波叠加及火焰加速等现象，造成严重爆炸危害。

在爆炸灾害的防控方面，现有标准如美国的 NFPA 68–2018《Standard on Explosion Protection by Deflagration Venting》、欧洲的 EN 14994–2007《Gas Explosion Venting Protective System》及国家标准 GB 50016–2014《建筑防火设计规范》（2018 年版）的爆炸泄压设计只考虑了少数影响因素，对于具有大尺寸结构、复杂内部特征的甲类仓库，其准确性及适用性还有待提高。

因此，对大型甲类仓库内典型危险化学品的爆炸时空演化规律展开研究，从甲类仓库中典型易燃易爆气体的当量浓度、点火位置两方面确定最危险爆炸场景，基于最危险爆炸场景分析爆炸时空演化规律，探究堆垛布局、堆垛层数、泄压顶板位置、泄压顶板数量的减灾机制与防控效果，对大型甲类仓库爆炸灾害的防控与相关泄压设计标准的完善具有重要意义。

二、国内外可燃气体爆炸分析

（一）可燃气体爆炸火焰传播规律研究

可燃气体爆炸过程较为复杂，在可燃气体被引燃源引燃后，初期火焰阵面以层流状态传播，遇到障碍物时，火焰阵面燃烧变得不稳定，火焰阵面产生曲褶，使得燃烧面积增大，从而引起更快的火焰燃烧速度，火焰阵面进一步加速反应。如果在火焰传播过程中连续遇到多个障碍物，爆燃会逐步升级，火焰传播会进一步加速。在爆炸加速发展过程，障碍物因阻碍流体的流动，故可促使由火焰阵面推动的火焰波阵前部的未燃气体产生扰动，随着障碍物阻塞率的增加，火焰传播速度增大，进而导致更大的超压，若障碍物分布密集，超压也会显著增大。

目前国内外试验中捕捉或计算火焰传播速度主要通过两种方法，一是采用火焰传感器采集火焰信号，以此计算火焰传播距离与时间差的比值；二是采用高速摄像机记录火焰传播过程图像，根据图像上火焰的位移距离与图像间的时间差的比值计算火焰传播速度。

Minggao 等在有侧向泄压口的空管道中不同位置处设置泄压口，发现随着侧通风口与点火点间距离的缩短，对火焰传播速度和爆炸超压的泄压效应没有线性增加。侧泄压口的泄压效果不仅受到侧排气位置的影响，而且还受到末端泄压口诱导的显著影响。在火焰通过侧面泄压位置之前和之后，侧面泄压口对火焰推进具有相反的影响；当火焰在侧通风口上游传播时，火焰的传播主要受末端泄压口的影响，而受侧面泄压口的影响较小。Shaojie 等发现当侧泄压口位于障碍物前端，在火焰到达障碍物之前，可以通过侧泄压口有效排出，从而降低了障碍物对火焰传播的激励作用，产生更好的泄放效果；相反，对于在障碍物后的侧泄压口，在火焰到达侧泄压口之前，火焰传播将受到障碍物的强烈激励，并以较高的速度通过侧泄压口，这种条件不利于侧泄压口的泄放。

当前对于火焰传播规律的研究多基于小尺寸管道实验，针对大型真实场景，尤其是大型甲类仓库，难以通过实验探究爆炸过程中的火焰传播规律。并且管道几何特性与仓库的几何特性存在较大差异，小尺寸爆炸实验中的火焰传播规律在大型甲类仓库中复现性不强，数值模拟方法因具有便捷、安全、复现性好等特点，是探究真实场景中爆炸灾害的重要手段。

（二）可燃气体爆炸灾害影响参数研究

1. 可燃气体种类

不同的可燃气体理化性质不同，按照贮存物品性质和可燃物数量进行划分，共可将贮存物品划为五类：甲、乙、丙、丁和戊类，危险性较大的物质为甲类物质。典型的甲类危险化学品包括甲烷、己烷、戊烷、汽油、氢、丙烯、丁二烯、液化石油气等。不同特性可燃气体即使在相同条件下发生爆炸，后果也存在较大差异。当前不同种类的可燃气体爆炸特性主要有以下研究。一是单一可燃气体的爆炸研究，这类研究较多。Li 等通过对相同浓度氢气—空气预混气体和甲烷—空气预混气体开展爆炸实验，发现除火焰持续时间外，氢气爆炸火焰传播速度和冲击波传播速度均大于甲烷。二是两种或多种混合可燃气体爆炸特性研究，探究不同混合比例下压力和火焰传播速度的变化情况，以得到最危险混合比例。三是在可燃气体中加入不同抑制剂，寻找最佳抑制剂及抑制剂的掺杂比例。

2. 点火特性

不同点火能量可造成可燃气体爆炸超压产生数量级的差异。李润之通过

不同点火能量的实验，发现越增大点火能量，越容易点燃瓦斯空气混合气体，产生的最大压力和最大压力上升速率也增大。黄文祥等对比两种大跨度能量下瓦斯爆炸火焰传播速度，发现相同浓度下强点火能爆炸的火焰传播速度大于弱点火能。

在点火位置方面，爆室内其他位置点火产生的爆炸超压一般小于中心位置点火产生的爆炸超压。曹勇等通实验探究点火位置对氢气的泄压特性，发现中心点火时的火焰传播速度和超压峰值大于末端点火和前端点火的火焰传播速度与超压峰值。Hisken 等则在爆室墙壁附近和爆室中心设置点火位置，发现在墙壁附近点火产生的超压峰值小于在中心点火位置处点火产生的爆炸超压。甲类仓库占地面积较大，潜在的点火点数量较多，有必要分析不同点火位置对爆炸后果的影响。

3. 内部障碍物

障碍物按形状可分为平板型障碍物和立体型障碍物。表征平板型障碍物的参数为面积阻塞率，是截面上平板障碍物的面积与爆室截面积之比，由于厚度较小，其体积可忽略不计；立体型障碍物多用体积阻塞率表征，为障碍物体积与爆室体积之比，多用于探究不同体积阻塞率下的爆炸特性的关系。Park 等研究不同横截面形状（三角形、矩形、圆形）对爆炸的影响，发现截面为三角形工况下火焰的传播速度最大，圆形截面障碍物工况下火焰传播速度最小；唐平和蒋军成研究发现方形障碍物比圆形障碍物在截面上的面积变化率大，在爆炸时更容易产生较大扰动，进而造成更大爆炸超压。Li 等在如图 6-1 所示位置设置平板型障碍物，在装置底部中央位置点火，结果表明：增大障碍物距离使得火焰穿过第一个障碍物产生的扰动减小，爆炸超压降低；若增加障碍物数量或使障碍物、点火源间距离增大，会显著增大爆炸超压。余明高等在装置内布置（见图 6-2）不同数量与排列方式的障碍物，发现障碍物放在中心位置比靠近装置左右两端产生的爆炸超压大 78%。

由此可知障碍物存在条件下对爆室内部湍流形成及爆炸超压、火焰传播有重要影响。大型甲类仓库是贮存危险化学品的重要场所，内部摆放堆垛较多。一旦爆炸发生，在堆垛影响下爆炸后果将更严重，因此，有必要将内部堆垛作为爆炸灾害的影响参数开展爆炸灾害的防控策略研究。

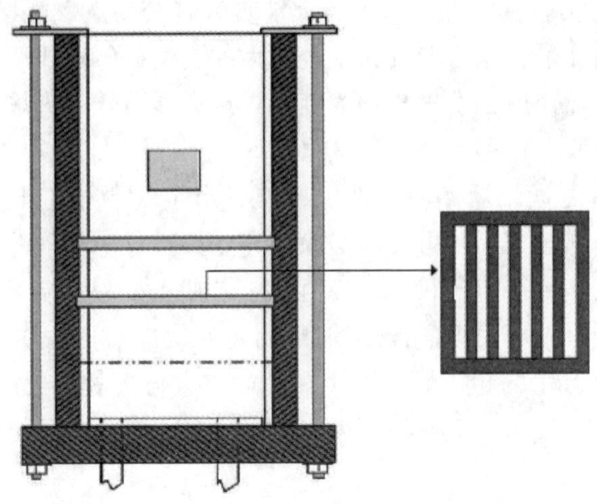

图 6-1　平板型障碍物示意图

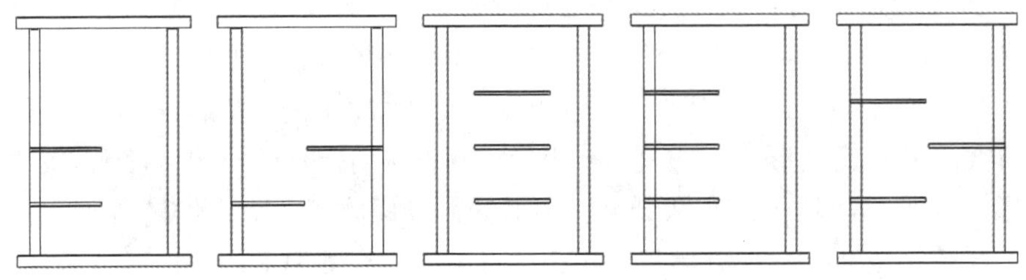

图 6-2　不同数量与排列方式平板型障碍物示意图

4. 泄压设置

泄压指通过泄压装置或泄压口，及时将爆室内部已燃高压气体排放至外部环境中，使内部压力迅速降低的方法，主要有无约束泄压和有约束泄压两种泄压类型。

无约束泄压条件下，爆炸发生后爆室内部气体膨胀、挤压，推动已燃和未燃气体自由地从泄压口泄放至爆室外部，该过程不受任何泄压口条件约束，典型压力时程曲线如图 6-3（a）中曲线 1 所示；在有约束泄压口条件下，泄压口被设置专门的泄压装置，只有当内部压力达到泄压口开启阈值才能开启，如图 6-3（a）中曲线 2 所示，前期受到泄压口的影响压力缓慢上升，到后期上升幅度增大，出现泄压能力不足的问题。

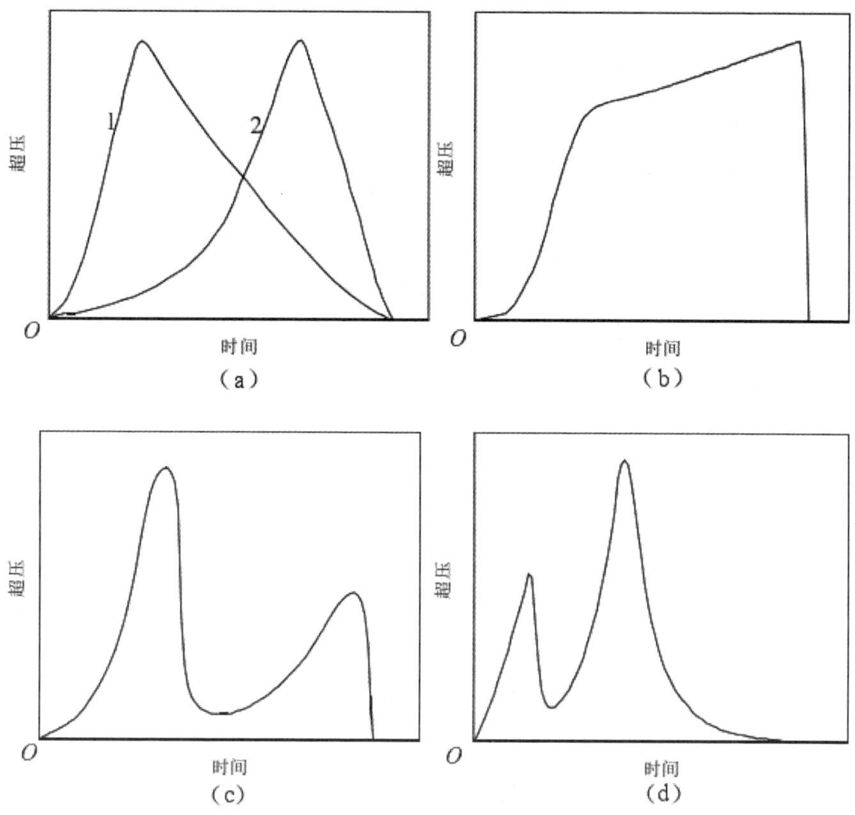

图 6-3　典型爆炸压力简图

图 6-3（b）中压力峰值不明显，这可能是爆炸发生后内部高压气体通过门窗等结构泄压的结果；当装有泄爆设施时易出现图 6-3（c）和图 6-3（d）中的情况，图 6-3（c）中第一峰值一般为最大峰值，出现在泄压口完全开始时，第二峰值则出现在爆炸后期，可燃气体基本燃烧完毕。当泄压面积不足时，会出现图 6-3（d）的现象：第二峰值大于第一峰值。

①泄压面积。泄压口大小与爆炸压力具有一定关联，目前已有相关参数来表征二者之间的关系。

一是泄压面积比，计算方法如式（1）：

$$K_v = A_v / V^{2/3} \tag{1}$$

式中，A_v 为泄压面积，m^2；V 为爆室体积，m^3。

Rocourt 等通过在小型爆室内充入预混可燃气体开展实验，得出泄压面积比增大时，最大爆炸超压也增大的规律。Zhang S. 和 Zhang Q. 基于数值模拟结果给出了最大爆炸超压 p_{max} 与 K_v 的关系，如式（2）：

$$p_{max} = 9.47 + 408.085e^{-21.45K_v} \tag{2}$$

式中，p_{max} 为爆炸产生的最大超压，kPa。

不仅如此，Tang 等在 $1m^3$ 的容器中开展爆炸氢气预混气体爆炸实验，实验结果表明 K_v=8.33 是显著影响最大爆炸超压的分界线，当 K_v 小于 8.33 时，泄压面积对最大爆炸超压不明显，反之最大爆炸超压明显降低。二是泄压系数，为泄压面积比的倒数；三是弱区比，定义如式（3）：

$$a = S_i / S \tag{3}$$

式中，S_i 为泄压面积，m^2；S 为泄压口所在墙壁的面积，m^2。

Wang 等对比不同弱区比的工况，发现在中心点火条件下弱区比越小超压峰值越小。Qi S. 等指出泄压面积越小，爆室内部火焰传播速度越快，爆炸超压越大；任少锋等研究得出：泄压口面积增大对爆炸超压及火焰速度的影响前期表现为线性变化关系，后期随着泄压面积增大，爆炸超压与火焰速度几乎不受影响。Bauwens 等在 4.6 m × 4.6 m × 3 m 的爆室侧面设置不同泄压口，并设置不同障碍物，发现泄压口较小的场景比爆炸口较大的场景超压峰值更大，在障碍物存在条件下尤其显著。Tomlin 等在 9 m × 4.5 m × 4.5 m 空间中进行实验，分别设置 20.25 m^2、10.13 m^2、5.06 m^2 和 2.25 m^2 的泄压口，发现泄压口大小对爆炸超压产生显著影响，造成爆炸超压峰值以数量级形式地减小。并且泄放出外部的未燃气体被传播至爆室外的火焰点燃时产生二次爆炸，二次爆炸产生的冲击波传播至室内形成一个超压峰值。

由此可知泄压面积是影响爆炸后果的关键参数，对于不同场景泄压面积对爆炸超压的影响程度也不同。不仅如此，世界各国也纷纷具有爆炸危险性的厂房、仓库等位置作出相关规定，以确保能够及时泄压，降低爆炸灾害。关于泄压面积的设定，国内外已有相应计算标准，具体计算方法如表 6–1 所示。

表6-1　国内外相应计算标准

标准名称 / 地区	计算方法	
	无障碍物场景	有障碍物场景
NFPA68-2018/美国	$p_{\mathrm{red}} \leqslant 50\ \mathrm{kPa}$时	存在障碍物时（适用于 $A_{\mathrm{dbs}} > 0.2A_s$）
	$A_v = \dfrac{A_{\mathrm{s}}C}{\sqrt{P_{\mathrm{red}}}}$	$\lambda = \lambda_0 \exp\left(\sqrt{\dfrac{A_{\mathrm{obs}}}{A_{\mathrm{s}}}} - 0.2\right)$
	$C = \dfrac{S_{\mathrm{u}}\rho_{\mathrm{u}}\lambda_{\mathrm{b}}}{2G_{\mathrm{u}}C_{\mathrm{d}}}\left[\left(\dfrac{p_{\mathrm{mux}}+1}{p_{\mathrm{o}}+1}\right)^{1/y_{\mathrm{t}}} - 1\right](p_{\mathrm{o}}+1)^{1/2}$	$\lambda_0 = \varphi_1\varphi_2$
	$p_{\mathrm{kd}} > 50\ \mathrm{kPa}$	$\varphi_1 = \begin{cases} 1, \mathrm{Re}_f < 4000 \\ \left(\dfrac{\mathrm{Re}_f}{4000}\right)^{\theta}, \mathrm{Re}_f \geqslant 4000 \end{cases}$
	$A_{v0} = A_1 \dfrac{\left[1 - \left(\dfrac{p_{\mathrm{rad}}+1}{p_{\max}+1}\right)^{1/\gamma_{\mathrm{b}}}\right]}{\left(\left(\dfrac{p_{\mathrm{mol}}+1}{p_{\max}+1}\right)^{1/\gamma_{\mathrm{b}}} - \delta\right)} \dfrac{S_{\mathrm{u}}\rho_{\mathrm{u}}\lambda}{G_{\mathrm{u}}C_{\mathrm{d}}}$	$\mathrm{Re}_f = \dfrac{\rho_{\mathrm{u}}S_{\mathrm{u}}(D_{he}/2)}{\mu_{\mathrm{u}}}$
	$\delta = \dfrac{\left(\dfrac{p_{\mathrm{sat}}+1}{p_0+1}\right)^{1/\gamma_b} - 1}{\left(\dfrac{p_{\max}+1}{p_0+1}\right)^{1/\gamma_b} - 1}$	$\varphi_2 = \max\left\{1, \beta_1\left(\dfrac{\mathrm{Re}_v}{10^6}\right)^{\frac{\beta_2}{s_u}}\right\}$
		$\mathrm{Re}_v = \dfrac{\rho_{\mathrm{u}}\mu_v(D_v/2)}{\mu_{\mathrm{u}}}$
		$\mu_v = \min\left\{\sqrt{\dfrac{2\times10^5 p_{\mathrm{red}}}{\rho_{\mathrm{u}}}}, a_{\mathrm{u}}\right\}$

续 表

标准名称 / 地区	计算方法	
	无障碍物场景	有障碍物场景
EN14994-2007[9] / 欧盟	$A_v=\left[\left(0.1265\lg\left(K_G\right)-0.0567\right)p_{rad}^{-0.5817}+\right.$ $\left.0.1754p_{kd}^{-0.5722}\left(p_{stat}-0.1\right)\right]V^{2/3}$ $A_v=\frac{A}{E_f}$	存在障碍物时对泄压面积计算进行合理判定：$A_v\leqslant\left[75\times10^{-3}F_{tuel}c\left(\frac{2.1l-2V^{1/3}+1}{V^{1/3}}\right)^{0.55}n^{1.33}\cdot\right.$ $\left.\exp(3.8b)+0.885\left(p_{stat}-0.1\right)\right]^{-0.577}V^{2/3}$ $\left[0.12651\lg\left(K_G\right)-0.0567+0.1754\left(p_{stat}-0.1\right)\right]$
		$F_{fiul}=\frac{\left[S_{0,\ fuxl}\left(E_{fucl}-1\right)\right]^{2.71}}{\left[S_{0.\ propanc}\left(E_{propanc}-1\right)\right]^{2.71}}$
GB 50016-2014(2018 年版)/ 中国	$A_v=10XV^{2/3}$	—

NFPA68-2018 以 50 kPa 的最大爆炸超压为边界，分别采用不同的计算方法求取泄压面积。标准中的计算方法仅适用于长径比小于或等于 5 的爆室结构，考虑了障碍物、气体填充率和泄压板密度及初始压力等因素。标准采用迭代思维进行计算，首先假设泄压面积，将计算出的泄压面积与假设值相比较，若相差较小，则采用假设的泄压面积，若假设较大，则重新修正假设泄压面积进行计算，直至假设值与计算值相接近。

EN14994-2007 考虑了初始湍流、初始压力、可燃气体填充等因素，需同时满足长径比小于或等于 2，体积小于等于 1 000 m^3，最大爆炸超压小于等于 20 kPa 的条件，适用范围比 NFPA68-2018 小。

现行《建筑设计防火规范》中参考美国和日本较早版本标准，针对仓库内贮存的物质设定了最小 X 值，基于最小 X 值与爆室体积计算泄压面积。

②泄压板密度。泄压板密度将决定它的开启速度，从而影响目标参数的变化。减小泄压构配件的单位质量，可达到迅速泄放的目的。各国最新标准对泄压顶板的密度有不同的规定。我国《建筑防火设计规范》(2018 年版) 第 3.6.3 条规定，“泄压设施宜采用轻质面板、轻质墙体和易于泄压的门、窗等”。轻质屋面板和墙体作为泄压设施时，单位面积质量不宜大于 60 kg/m^2。美国的

NFPA68–2018 第 7.4.1 条中规定泄压顶板的密度 M 应小于 40 kg/m²。设计时需先通过式（4）进行计算密度阈值。

$$M_T=\left[\frac{p_{\text{red}}^{0.2}\cdot n^{0.5}\cdot V}{\left(S_w\cdot\lambda\right)^{0.5}}\right]^{16\text{T}} \qquad (4)$$

式中，M_T 为密度阈值，kg/m³；n 为泄压板数量；V 为爆室的体积，爆室体积需大于 1 m³。

当选择的泄压板密度大于 M_T，则需增加泄压面积，最终的泄压面积需用式（5）进行计算。

$$A_{v1}=A_{v0}X_r^{-1/3}\sqrt{\frac{X_{,}-\dfrac{p_{\text{red}}}{p_{\text{mas}}}}{1-\dfrac{p_{\text{red}}}{p_{\text{max}}}}}\cdot F_{SH}\left[1+\frac{0.05\cdot M^{0.6}\cdot\left(S_\omega\cdot\lambda\right)^{0.5}}{n^{0.3}\cdot V\cdot p_{\text{red}}}\right] \qquad (5)$$

式中，X_r 为可燃气体填充率；F_{SH} 为系数：当泄压板为移动式为 1，当泄压板为铰链式为 1.1。

Zhang 等在泄压口设置了铰链型泄压板，发现泄压板单位面积质量的增加将导致泄压时外部最大火焰长度减小，最大爆炸超压也将减少，此外还将使由泄压产生的超压峰值成为主导峰值。吴运逸与雷海丽对压缩机房的泄压开展数值模拟，发现最大压力与泄压板单位质量成正比关系。Kuznetsov 等的实验结果表明同一浓度的可燃气体发生爆燃，泄压板密度越大，容器内部的爆炸超压也越大。Rui 等发现由泄压口开启引起的超压峰值、泄放过程惯性引起的超压峰值的大小及超压增加最大速率三者与泄压口开启压力成正比关系。

在长径比较大的爆室内，泄压位置对爆炸火焰的传播具有显著影响并随泄压位置呈现不同规律。Wan 等经过小型实验发现当在火焰传播早期进行泄压时可有效降低后续火焰传播速度，并减少爆炸压力，在火焰传播末期进行泄压时存在火焰传播加速现象。Ajrash 等在长管内进行试验，得出在距离点火点较近的位置设置泄压口时最大压力、最大压力上升速率明显降低，火焰传播速度也降低的规律。

（三）甲类仓库内爆炸超压时空演化研究

1. 爆炸超压预测公式

基于可燃气体爆炸泄压的研究，学者根据不同实验场景总结出经验公式。1955 年，Cubbage 和 Simmond 在顶部有泄压口的实验装置中开展实验，给出了对第二峰值预测结果较好的计算方法；1969 年，Rasbash 在体积为 0.009 m^3 至 0.9 m^3 不等的圆柱形和方形爆炸装置内充入 4% 丙烷—空气预混气体开展泄爆实验，得到了相应的超压计算公式；Rasbash 在此基础上综合 Butlin 和 Tonkin 在 28 m^3 空间内的实验结果，进一步考虑层流燃烧速度和泄压板的惯性效应参数，修正早期提出的计算方法。1978 年，Brandley 和 Mitcheson 提出适用更广的泄爆超压计算公式，1979 年 Singh 在其基础上进行修正，进一步提高了计算准确度。2006 年，Suste 基于 Janovsky 等的 58 m^3 爆室内丙烷—空气预混气体的爆炸实验提出超压计算公式，计算结果与实验结果吻合较好。Molkov 等通过无量纲泄爆压力和湍流系数，建立了广泛关联式。

2. 典型爆炸超压的演化规律

如图 6-4 所示为爆燃超压时程曲线图，P_1 由爆室内部气体泄放至外部产生，大小主要受泄压口开启压力和泄压面积因素的影响；P_2 由泄放至爆室外部的未燃气体爆炸形成，一般出现在开启压力较低的泄压口和危险性较高的气体（氢气）爆炸中出现；P_3 对应于火焰与爆室内壁接触时刻，此时火焰面积达到最大值；P_4 由声波和燃烧波耦合产生，多出现在富燃条件下，易受泄压面积和泄压口开启压力的影响。

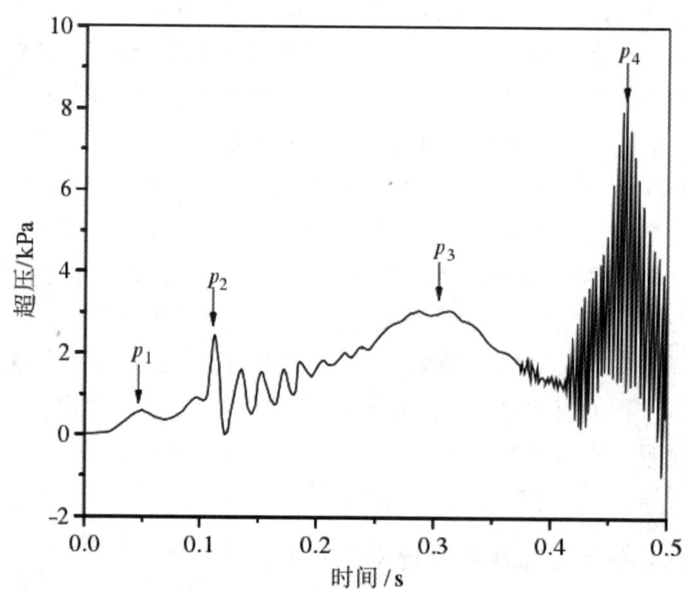

图 6-4　爆室内部爆燃超压时程曲线图

实验中常用塑料薄膜密封泄压口，防止爆室内可燃气体溢出，并可模拟泄压口开启压力较低的工况；改变薄膜厚度或选择易碎结构（如玻璃、碳酸钙板等）也可实现不同开启压力的设置。泄压口开启压力小于 3 kPa 时，图 6–4 中 P_1 的大小基本不受影响；泄压口开启压力大于 3 kPa 时，P_1 和 P_4 的也增大，两峰值产生的时间间隔将缩短，而 P_2 与 P_3 则逐渐减小直至无法在时程曲线中明显观测。

Liang 在三个不同体积爆室（4 m × 10 m × 3 m，4 m × 4.75 m × 3 m 和 4 m × 5 m × 1.5 m）的实验发现泄压口大小对超压峰值具有数量级的影响，在试验中始终会出现三个峰值，最后一个峰值出现原因与图 6–4 中 P_4 一致，均由声波和燃烧波耦合产生。赵天辉、郭强等在 2 m × 1.1 m × 0.5 m 的空间内将泄压口一端（远离点火点位置）用聚乙烯薄膜和碳酸钙板覆盖，得到不同浓度下，爆炸超压的变化规律：在泄压装置存在的情况下，存在两个压力峰值，而可燃气体浓度主要对第二个压力峰值产生影响。

三、小尺寸可燃气体爆炸实验

小尺寸实验平台在研究可燃气体爆炸时空演化规律具有较大优势：一是相对于大尺寸实验，小尺寸的实验危险性较小，并且可提高实验的便捷性，得到不同工况下的爆炸多参数时空演化规律；二是小尺寸实验探究得到的爆炸演化规律与大尺寸爆炸场景下的爆炸演化规律具有重要的对比价值，在一定程度上可反映尺度效应带来的差异；三是小尺寸爆炸实验可作为数值模拟方法的验证手段，便于进一步开展大型场景的爆炸数值模拟。因此众多研究人员基于小尺寸实验平台开展了可燃气体爆炸实验。

（一）实验系统

1. 实验装置

实验装置示意图见图 6–5，装置用于充装预混可燃气体，内部长为 1 175 mm，内部截面尺寸为 450 mm × 300 mm，壁厚为 20 mm。装置的材质为透明有机玻璃，便于观测容器内部爆炸过程，捕捉爆炸火焰的全过程图像。

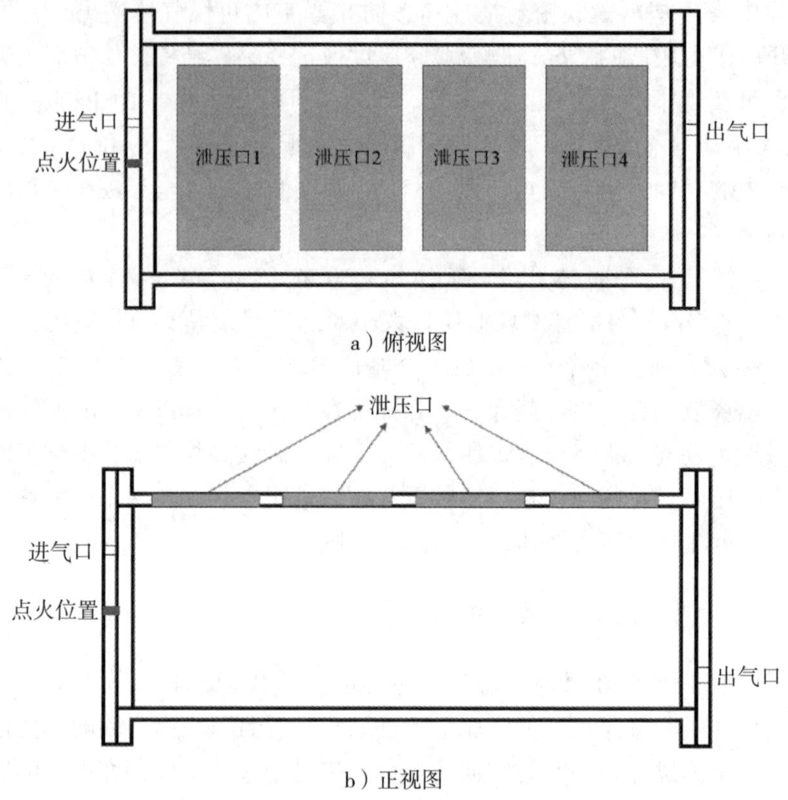

图 6-5　长方体爆炸装置示意图

4 个泄压口等距分布于装置顶部，可根据实验工况需求设置打开或关闭，泄压口尺寸为 230 mm × 450 mm。其中打开的泄压口用 0.2 mm 塑料薄膜封闭，为保证密封性，塑料薄膜在铺设时保持平整，未打开的泄压口则采用有机玻璃板封堵；点火位置、进气口和出气口位于装置左、右壁面上，厚度为 20 mm，挖有 2 mm 凹槽，凹槽中放置 4 mm 的垫圈，左、右壁面与装置主体之间通过法兰螺钉连接，保证装置的气密性。

2. 配气系统

实验采用置换法将预混好的甲烷和空气充入实验装置。配气系统主要包括甲烷气瓶、空气压缩机和气体动态配比装置。其中，甲烷气瓶盛装纯度为 99.99% 的甲烷气体，空气压缩机可提供干燥的空气，二者共同接入气体动态配比装置，以调节实验所需的甲烷气体浓度；气体动态配比装置中有预混气罐，可贮存来自空气压缩机和甲烷气瓶的预混气体。实验装置的进气口通过塑

料软管连接到配气装置的预混气体输出端，出气口通过塑料软管将置换出来的气体排出到远离实验装置的区域。

3. 同步控制系统

（1）同步控制器

同步控制器是同步控制系统的关键，它连接点火装置、数据采集仪和高速数字摄像机，可同时触发点火装置、数据采集仪和高速数字摄像机。

（2）点火装置

点火装置采用可调式 / 脉冲点火器，可根据实验需要切换脉冲点火模式或高能点火模式。点火装置设有外部触发信号通道，实验过程中，点火装置收到同步控制器的触发信号点火装置便开始动作，使安装在实验装置的点火端立即点火。

（3）数据采集仪与压力传感器

数据采集仪通过以太网连接到电脑，并在软件端设置外触发类型。当收到同步控制器的外触发信号时，数据采集仪开始工作。压力传感器量程为 0 ～ 30 kPa，精度为 ±0.25%。压力传感器安装在点火点附近和泄压口 4 下方，分别用于记录点火位置附近和泄压口 4 下方位置的爆炸超压。

（4）高速数字摄像机

高速数字摄像机拍摄范围为 1 100 ～ 280 000 fps，分辨率不低于 2 560×1 660，水平和垂直分辨率连续可调，试验中，高速数字摄像机采用 1 400 fps 对火焰进行捕捉。实验时将高速数字摄像机对准实验装置，调节图像显示范围，保证泄放出去的火焰在拍摄范围内，调节拍摄角度并对焦，保证拍摄的火焰图像显示清晰。此外，高速数字摄像机设有外触发接口，用于连接同步控制器，高速数字摄像机接受到来自同步控制器的触发信号，高速数字摄像机立即启动，拍摄整个爆炸过程的火焰传播图像。后期处理压力时程曲线及爆炸火焰图像时，均以高速数字摄像机刚捕捉到装置内火焰的时刻为零时刻。

（二）不同数量泄压口工况下的爆炸特性

1. 泄压口数量对火焰传播速度的影响

如图 6–6 所示为 4 个泄压口工况下的火焰传播速度随时间变化关系。从图中可以看出，4 个泄压口工况下，火焰传播速度较小，从点燃到传播至最右端的时间为 628.3 ms。如图 6–7 所示，火焰在点燃后，起初火焰以半球形发展（t=42.8 ms）；当顶部塑料薄膜破裂后，火焰接触装置壁面，火焰改变原来半球形的发展趋势，火焰前锋逐渐向装置顶部偏移（t=66.5 ms），火焰传播速度也逐渐下降；随着爆炸的持续发展，不断有气体从泄压口 1 和泄压口 2 泄放，火焰以相对较低的速度向前传播（t=120.6 ms），此过程中火焰前锋逐渐向下偏移；当火焰传播至泄压口 3 位置处，泄压口 1 和泄压口 2 下方的甲烷气体已经得到大量泄放，此时受泄压口 3 和泄压口 4 的诱导作用，火焰传播速度略微上升，且向泄压口 3 和泄压口 4 偏移的趋势也越明显（t=447.7 ms 和 t=565.5 ms）；当 t=628.3 ms 时，火焰前锋抵达装置最右端。

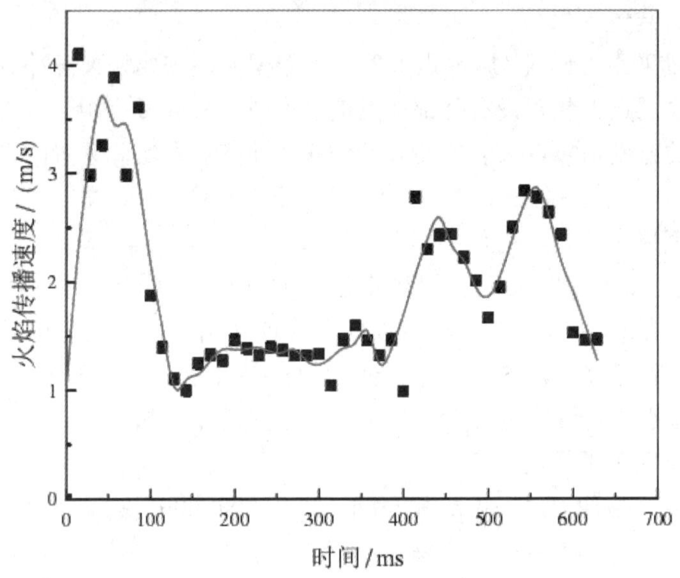

图 6-6　4 个泄压口工况下火焰传播速度随时间变化关系

如图 6-7 所示为 3 个泄压口工况下火焰传播速度随时间变化关系，从图中可以看出，火焰传播速度主要呈先增加后降低的趋势，火焰从最装置左端传播到最右端所耗时长为 220.8 ms，相对 4 个泄压口工况火焰传播时间明显缩短。3 个泄压口工况下的火焰传播速度图像见图 6-7。爆炸初期，火焰从点火位置以半球形态向前加速发展（t=22.8 ms）；当火焰接触装置壁面后火焰由原来的球形转为指尖形态向前传播（t=66.5 ms）；火焰从泄压口 2 传播至泄压口 3 过程中，火焰传播速度迅速增加，火焰前锋仍位于靠近泄压口的装置上部（t=104.6 ms）；在 t=128.5 ms，火焰传播速度达到最大值。之后，火焰传播速度开始出现明显衰退，靠近装置底部火焰逐渐加速发展，在火焰阵面形成凹陷结构（t=159.2 ms）；受到泄压口 4 的持续泄压影响，装置内靠近泄压口的火焰传播速度降低，靠近装置底部的火焰传播速度受泄压口的影响相对较小，率先传播至装置最右端 (t=220.8 ms)。

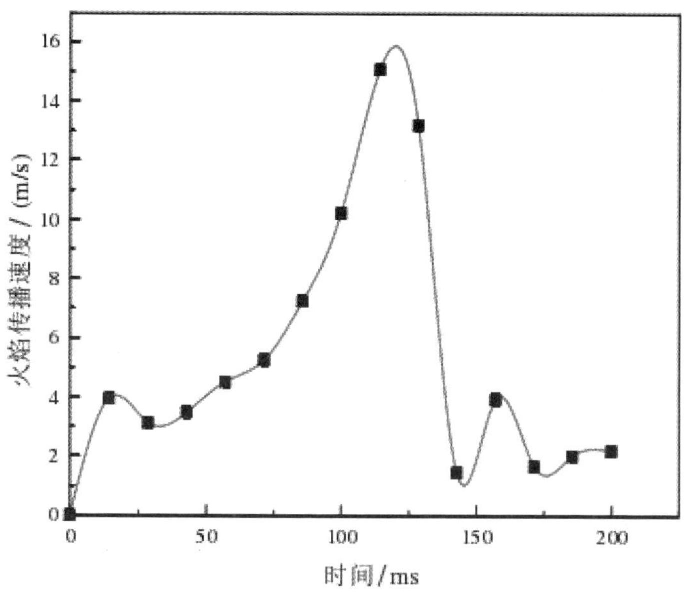

图 6-7　3 个泄压口工况下火焰传播速度随时间变化关系

如图 6-8 所示为 2 个泄压口工况下火焰传播速度随时间变化关系，从图中可知火焰传播速度与 3 个泄压口工况类似，总体呈先增大后减小趋势。2 个泄压口工况下不同时刻火焰图像见图 6-8。爆炸初期火焰以球形形态缓慢发展（t=22.8 ms），此时火焰传播速度较慢；当球形火焰接触装置壁面后，火焰转为指形形态向前发展，火焰前锋位于中间位置（t=66.5 ms）；当火焰传播至泄压口 3 附近，受到泄压的影响，火焰前锋位置上移（t=85.9 ms），此时火焰传播速度逐渐增加；当火焰传播至泄压口 4 时，火焰传播速度最大（t=118.7 ms），之后火焰前锋传播速度逐渐下降，靠近装置下壁面的火焰逐渐加速，形成凹陷阵面（t=141.3 ms）；t=185.6 ms 时，靠近装置下壁面的火焰抵达装置最右端。

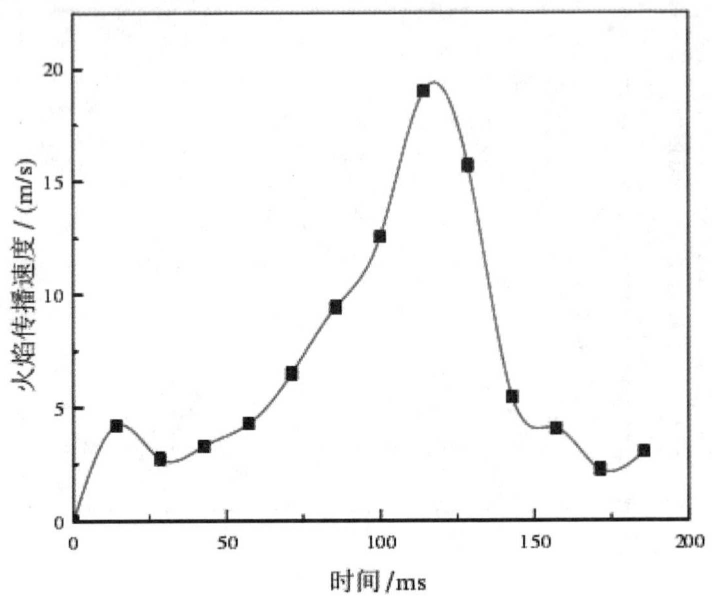

图 6-8　2 个泄压口工况下火焰传播速度随时间变化关系

各工况不同时刻的火焰传播速度见图 6-9，从图中可以看出：爆炸初期 4 种工况的火焰传播速度基本一致，并且火焰传播速度相对较低。这是因为塑料薄膜未破裂，爆炸不受泄压口影响，此时火焰呈球形形态发展；当塑料薄膜破裂后，4 个泄压口的工况受泄压影响最大，装置内气体不断从泄压口泄放至装置外部，火焰传播速度在原来基础上进一步降低，并维持在较低水平；其余 3 种工况的泄压口 1 被有机玻璃板封堵，使得爆炸初期火焰有一定的时间加速发展，且 2 个泄压口工况和 3 个泄压口工况受到泄压口 2 和泄压口 3 的泄放作用，火焰传播速度比一个泄压口工况低。3 个泄压口、2 个泄压口、1 个泄压口工况下，火焰传播速度均在泄压口 4 下方达到最大值；因装置最右侧为封闭端，对火焰传播产生阻碍作用，使得火焰传播速度迅速降低，最终火焰以较低速度抵达装置最右端。

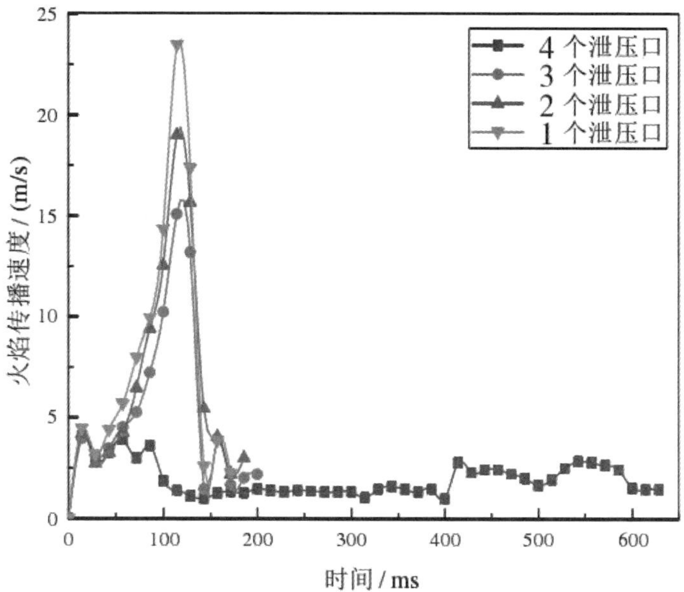

图 6-9　不同时刻的火焰传播速度

根据火焰传播速度与时间变化规律可以得出火焰传播距离与时间的关系，如图 6-10 所示。由图可知：爆炸初期，因火焰传播速度差异较小，4 种工况下的火焰传播距离基本一致；塑料薄膜破裂后，4 个工况下的火焰传播速度逐渐变化，不同工况同一时刻火焰传播距离逐渐呈现差距，同一时刻下，1 个泄压口的火焰传播距离 >2 个泄压口的火焰传播距离 >3 个泄压口的火焰传播距离 >4 个泄压口的火焰传播距离。

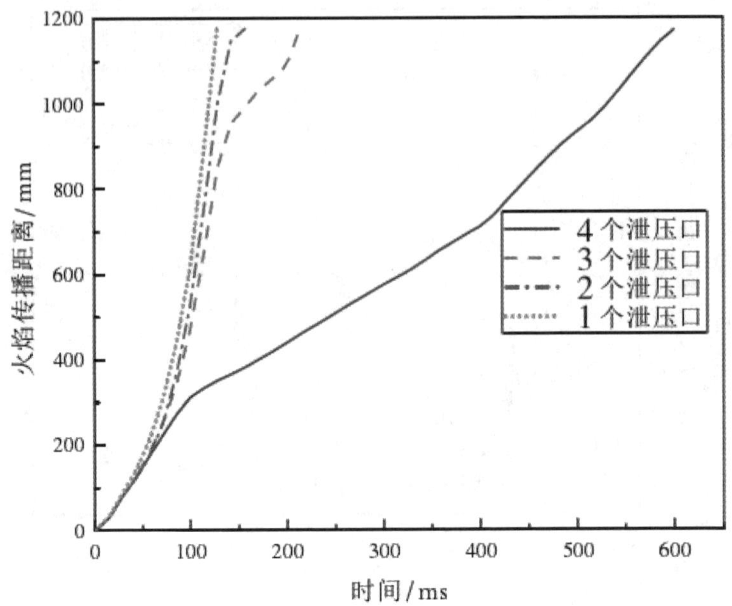

图 6-10　不同时刻下火焰传播距离

2. 泄压口数量对爆炸超压的影响

如图 6-11 所示为不同工况下的爆炸超压时程曲线。从图 6-11（a）和（b）中都可以看出两个压力传感器探测记录到的压力变化趋势基本一致，爆炸超压呈上升—下降—上升—下降趋势。爆炸初期，火焰呈半球形，并以此形态逐渐发展，该状态下火焰传播速度较慢，产生的扰动程度较低，因而产生的爆炸超压较低；当火焰以指形形态传播时，火焰传播速度处于快速增长阶段，压力逐渐增大。在塑料薄膜破裂后，由于装置内外存在压力差，装置内的高压气体泄放至装置外部，压力逐渐减小；随着火焰的发展，泄压口的泄放速度小于内部气体的膨胀速度，从而形成第二个超压峰值，且随着泄压口数量增多，第二峰值逐渐减小。最后，随着火焰传播速度的减小，火焰逐渐衰退，在泄压口的影响下，爆炸超压逐渐减小。

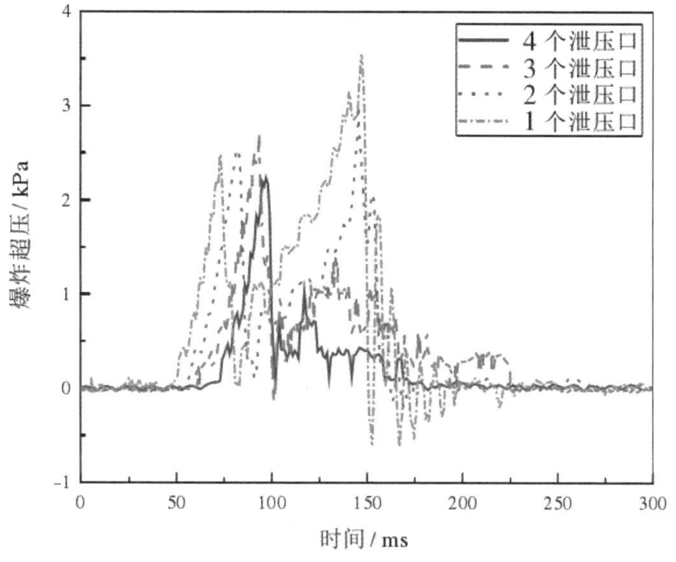

（a）压力传感器 1

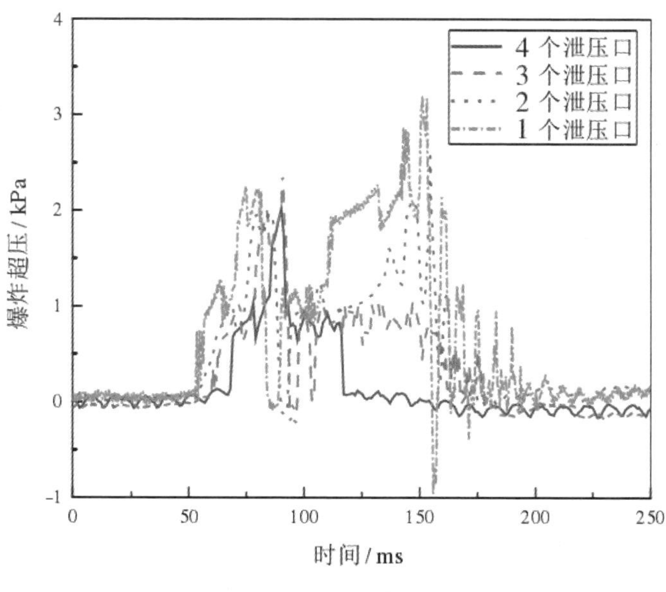

（b）压力传感器 2

图 6-11　不同工况下的爆炸超压时程曲线

如表 6-2 所示为不同工况下的超压峰值对比情况。从表中可以看出，随着泄压口数量的减少，超压峰值逐渐增大。在不同数量泄压口工况下压力传感器 1 记录的超压峰值最大为 3.58 kPa，超压峰值最小为 2.24 kPa，压力传感器 2 记录的超压峰值最大为 3.21 kPa，超压峰值最小为 2.03 kPa。此外，位于点火点附近的压力传感器 1 记录的超压峰值总是大于泄压口 4 下方的压力传感器 2 记录的超压峰值，这是由于爆炸初期火焰传播速度和压力均较低，点火位置处释放的压力较少；待火焰传播至泄压口 4 时，大量可燃气体已被泄放出装置外部，所以在压力传感器 2 记录的压力也更低。

表6-2　不同数量泄压口工况下超压峰值对比

	4 个泄压口	3 个泄压口	2 个泄压口	1 个泄压口
压力传感器 1	2.24	2.65	3.01	3.58
压力传感器 2	2.03	2.37	2.56	3.21

四、甲类仓库内戊烷气云爆炸灾害时空演化规律研究

甲类仓库内部点火位置与泄漏的戊烷浓度对爆炸后果具有较大影响，本书在第三章所述大型甲类仓库戊烷气云爆炸数值模型的基础上，探究不同防火分区、不同点火位置及不同戊烷浓度对爆炸后果的影响，确定最危险爆炸场景。基于最危险爆炸场景，分析爆炸过程中爆炸超压、压力上升速率、火焰传播速度、温度等重要目标参数的时空演化规律，为爆炸灾害的防控研究奠定基础。

（一）最危险爆炸场景确定

1. 点火位置对爆炸的影响

防火分区 I 与防火分区 III 在几何结构上对称，且各防火分区内部结构对称，因此分别探究防火分区 I 与防火分区 II 不同点火位置对爆炸后果的影响。点火位置设置情况如图 6-12 所示，点火位置均位于堆垛与墙壁或堆垛与堆垛间，点火位置坐标及在该点火位置点燃可燃气体爆炸产生的最大爆炸超压见表 6-3。

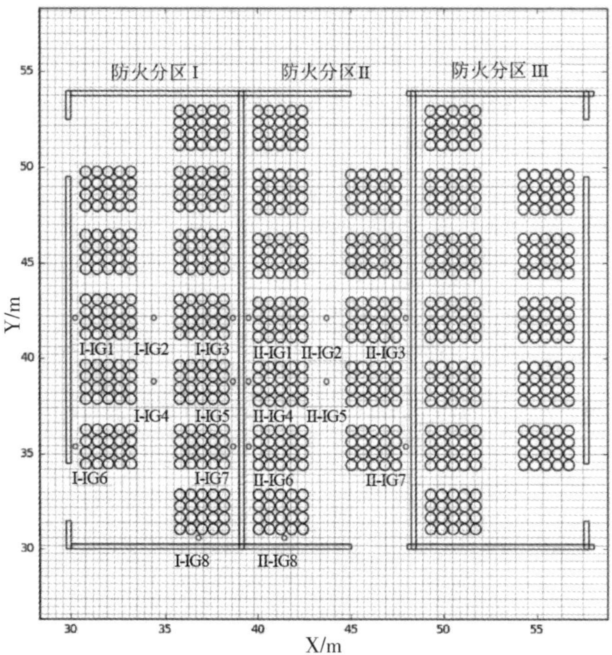

图 6-12　防火分区 I 和防火分区 II 点火位置分布（Z=0.2 m）

表6-3　防火区I和防火区II中不同点火位置下产生的最大爆炸超压

序号	防火分区	最大爆炸超压	序号	防火分区	最大爆炸超压
	点火位置坐标			点火位置坐标	
1	(30.3，42.0，0.2)	386.5	II–IG 1	(39.5，42.0，0.2)	438.4
2	(34.5，42.0，0.2)	430.8	II–IG 2	(43.8，42.0，0.2)	437.3
3	(38.8，42.0，0.2)	473.4	II–IG 3	(48.0，42.0，0.2)	412.3
4	(30.5，38.7，0.2)	404.2	II–IG 4	(39.5，38.7，0.2)	561.8
5	(38.8，38.7，0.2)	402.6	II–IG 5	(43.8，38.7，0.2)	454.2
6	(30.3，35.3，0.2)	392.7	II–IG 6	(39.5，35.3，0.2)	201.1
7	(38.8，35.3，0.2)	391.7	II–IG 7	(48.0，35.3，0.2)	412.8
8	(36.6，30.4，0.2)	386.0	II–IG 8	(41.5，30.5，0.2)	422.4

由表 6–3 可知，防火分区 I 在 I–IG 3 位置点火产生的爆炸超压最大，防火分区 II 在 II–IG 4 位置点火产生的爆炸超压最大，且大于防火分区 I 的 8 个点火位置产生的最大爆炸超压。防火分区 I 中 I–IG 3 于墙壁边缘，距离门窗较远，相较于防火分区 I 中其他点火位置，可燃气体泄放出仓库时间较晚，产生的爆炸超压较小。防火分区 II 内部堆垛数量和排布相同，但门窗较少，因此气体更难泄放出仓库外部，爆炸超压也越大。

2. 气云当量比对爆炸的影响

在防火分区 II 的 II–IG 4 点火位置开展不同气云当量比的爆炸模拟，进一步探究戊烷气云当量比对爆炸压力的影响。如图 6–13 所示为不同当量浓度下监测点超压峰值在甲类仓库内部的分布图，由图可知：图 6–13（a）显示当量浓度较低（*ER*=0.8 或 *ER*=0.9）时，监测点探测到超压峰值较小，且在点火位置附近超压峰值最大；随着 *ER* 值增加，相对于其他监测点，点火位置附近的超压峰值相对较低，在距离点火位置更远的仓库墙壁边缘超压峰值显著增加；当 *ER*=1.3 或 *ER*=1.4 时，仓库墙壁边缘超压峰值差别较小，并达到最大值；随着戊烷气云当量浓度继续增加，各监测点的超压峰值逐渐减小，但监测点超压峰值较大的位置仍距离点火位置较远。

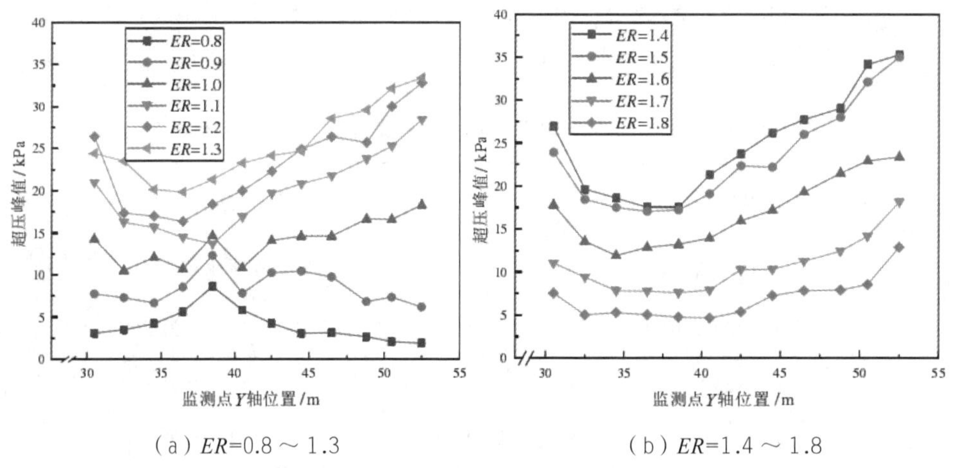

（a）*ER*=0.8 ～ 1.3　　（b）*ER*=1.4 ～ 1.8

图 6–13　不同当量比条件下不同监测点超压峰值分布

不同戊烷气云当量比下在 II–IG4 点火位置产生的最大爆炸超压如图 6–14 所示。由图可知：最大爆炸超压与当量比之间呈先增大后减小的关系，当 *ER*=1.30 时，最大爆炸超压达到 789.4 kPa。

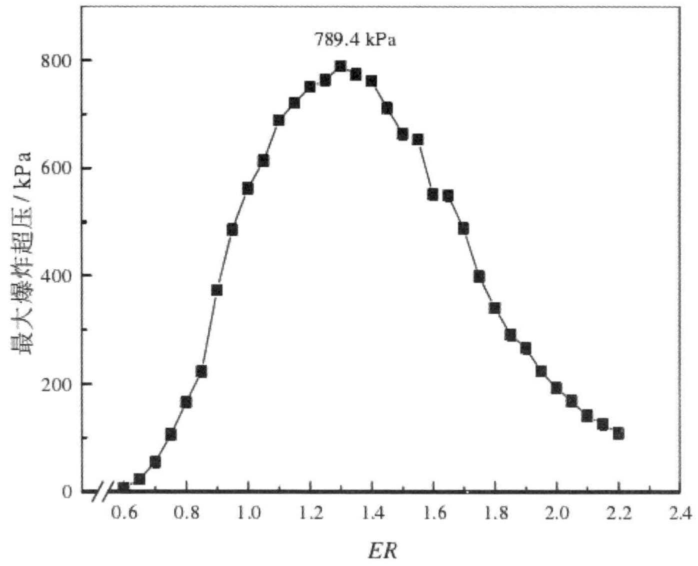

图 6–14　不同当量比气云爆炸时产生的最大爆炸超压

戊烷气云当量比较低时，参与爆炸反应的戊烷较少，爆炸过程中释放的能量较少，产生的扰动也较小。随着戊烷气云当量比逐渐增加，参与反应的戊烷逐渐增多，爆炸释放的能量也增多。当戊烷当量比超过化学反应当量比时，参与反应的戊烷增多，空气中氧气的量不能满足爆炸反应所需氧气的量，但爆炸过程中由于火焰阵面会推动未燃气体与空气进一步混合，参与反应的氧气的量也增多，因此在一定富燃条件下爆炸过程中释放的能量更多，产生的爆炸超压也更大。

结合以上数值模拟结果可知，点火位置在防火分区 II 的 II–IG 4，戊烷气云浓度 *ER*=1.3 时爆炸的场景为最危险爆炸场景。

（二）气云爆炸多参数时空演化规律

1. 爆炸超压

通过提取仓库内部和外部监测点爆炸超压数据，得出各监测点超压峰值分布情况如图 6–15 所示。从图中可以看出：相对于仓库外部，爆炸在仓库内部产生的超压峰值较大。原因是受到墙壁的约束作用，爆炸冲击波在仓库内部不断叠加，压力显著增加；点火点位置附近的超压峰值较小，从点火点到两端墙壁，超压峰值呈逐渐增大趋势，在距离点火点较远处的墙壁内侧附近，超压峰值最大可达 33.4 kPa。并以墙壁为分界线，仓库外部超压峰值迅速降低，随着距离逐渐增加，超压峰值也逐渐减小。这是因为点火位置到墙壁两端的距离不同，在距离较远处爆炸冲击波有足够时间进行加速发展，从而使得爆炸产生的压力更大；在较近的墙壁处，仓库内的未燃气体能够较早通过墙壁上的门窗泄放至仓库外部，因而产生的爆炸超压较小。

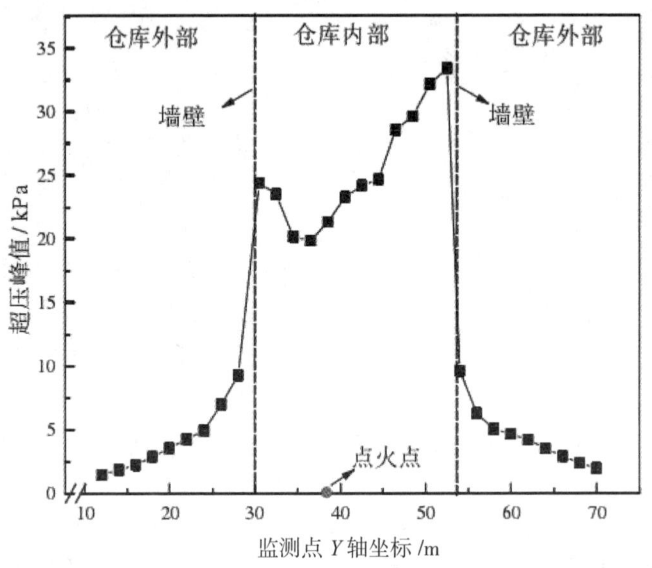

图 6-15　大型甲类仓库不同位置超压峰值

仓库外部超压时程曲线见图 6-16，从图中可以看出超压时程曲线上有 3 个明显峰值。第一个超压峰值由仓库内部的爆炸导致，在点火初期，仓库内部戊烷气云发生爆燃，致使门窗打开，少量戊烷通过形成的泄压口泄放到仓库外，形成第一个超压峰值。后续两个超压峰值与外部爆炸有关，随着仓库内部爆炸的加速发展，火焰传播到仓库外部，引燃已泄放在仓库外的戊烷气云。

为进一步探究爆炸超压峰值在不同位置的定量关系，对超压峰值变化规律进行拟合。以监测点纵坐标与点火点纵坐标之差，即二者之间的距离 Δx 为自变量，超压峰值 P 为目标参数，拟合得到表 6-4 中的关系式。

表6-4　Δx与超压峰值的关系

关系式	适用范围	R^2
$P=22.31+1.59\Delta x+0.03\Delta x^2$	$-26.7\ \text{m}\leqslant\Delta x\leqslant-10.7\ \text{m}$	0.98

续　表

关系式	适用范围	R^2
$P = 21.95 + 23.89\Delta x + 0.05\Delta x^2$	$-8.2\ \text{m} \leqslant \Delta x \leqslant -13.8\ \text{m}$	0.94
$P = 27.50 + -1.64\Delta x + 0.03\Delta x^2$	$15.3\ \text{m} \leqslant \Delta x \leqslant -31.3\ \text{m}$	0.94

2. 火焰传播速度

数值模拟中各火焰传播速度不能直接获得，通过监测点之间的间距与火焰达到监测点的时间差计算火焰传播速度。当火焰传播到某一位置时，监测点可记录到该位置的燃烧速度增加，说明燃烧速度不为 0 的时刻即为火焰传播到该位置的时刻。

仓库不同位置火焰传播速度如图 6-16 所示。从图中可以看出，在仓库内部以点火点为中心朝 *Y* 轴负方向，火焰传播速度呈先增加后下降趋势，火焰传播速度最大约为 54.3 m/s，火焰靠近墙壁时，传播速度约为 41.8 m/s；以点火点为中心向 *Y* 轴正方向，火焰传播速度也呈现先增后减的趋势，最大火焰传播速度约为 91.5 m/s，在靠近墙壁位置，火焰传播速度约为 78.0 m/s。火焰传播速度先增加后降低的原因为火焰在加速发展过程中速度逐渐增加，此过程中门窗早已打开泄压，进一步促进火焰加速，但当靠近墙壁时，因墙壁上门窗面积较小，火焰传播速度因墙壁的阻挡出现小幅降低。

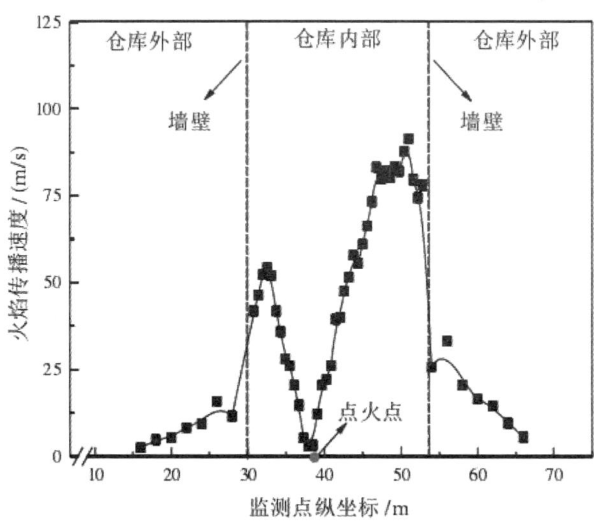

图 6-16　大型甲类仓库内爆炸火焰传播速度—位置关系图

火焰穿过门窗到达仓库外部时，火焰速度先增加后逐渐降低，这是因为仓库外部为开敞空间，火焰经过门窗点燃已泄放至仓库外部的戊烷气云，使得火焰加速传播，但由于受到空气阻力作用且戊烷气云不足，火焰传播速度逐渐降低。仓库外部沿 *Y* 轴负向，最大火焰传播速度为 15.8 m/s，沿 *Y* 轴正向，火焰最大传播速度为 33.2 m/s。

3. 爆炸温度

图 6-17（a）为仓库内部沿 *Y* 轴负方向监测点温度随时间变化关系，图 6-17（b）为仓库内部沿 *Y* 轴正方向监测点温度随时间变化关系。

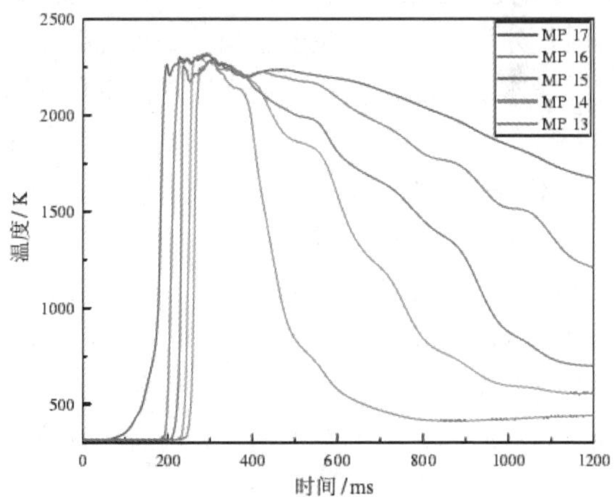

（a）沿 *Y* 轴负方向监测点温度时程曲线

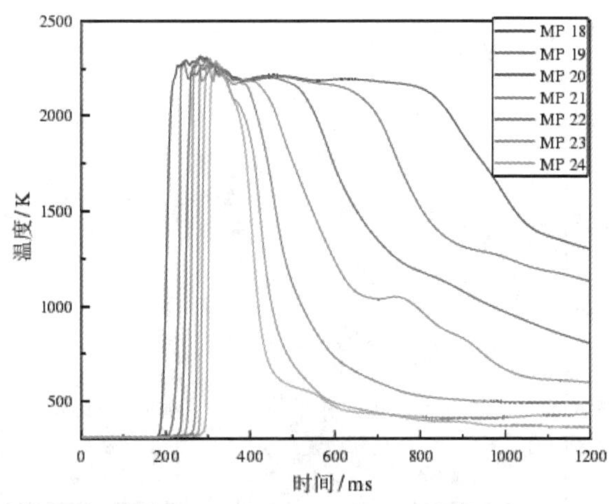

（b）沿 *Y* 轴正方向监测点温度时程曲线

图 6-17　大型甲类仓库内部监测点温度时程曲线

从图 6–16 中可以看出，各监测点最大温度约为 2 300 K，不同监测点温度上升时刻有滞后现象。这是因为火焰传播过程中在不同监测点的时刻不同，火焰传播到监测点位置时温度出现明显增加。如图 6–16（b）所示，在 t=180.0 ms 时刻，距离点火点最近的监测点 MP 18 首先探测温度上升，随着爆炸的发展，火焰逐渐向 Y 轴负方向传播，沿着 Y 轴负方向的监测点依次探测温度变化；在 t=251.1 ms 时刻，仓库外可以明显看到温度变化，该时刻火焰并未出现在仓库外部，这是因为火焰传播过程中不断释放热量，部分热量以热辐射方式往前传播，在火焰尚未到达时温度就已经上升。

如图 6–16 所示，显示火焰达到最高温度后出现不同程度的下降，结合其他知识得到，爆炸使得仓库内部戊烷浓度减小，但戊烷燃料未完全耗尽，仓库内仍有戊烷以相对较慢的反应速率继续燃烧，导致热释放速率不足，温度缓慢下降。

第二节　化工园区危险化学品贮存风险管理研究

一、化工园区危险化学品贮存风险概述

当前，发展化工园区已经成为国际石油化学工业的主要目标和方向。我国是化学品使用大国，但化工园区的建设存在部分不合理，园区内部分企业规模小，且很多园区在规划中就不合理。我国建设化工园区时间相对较晚，但发展速度却超过很多国家。由于我国对化工行业具有很高的重视，因此对化工人才的培养也具有很高的关注度；化工行业势头强劲，化工园区数量剧增。据相关数据显示，国家级园区占全国园区总数量的 10% 左右；省级化工园区数量最多，占全国园区总数量的 52% 左右；地市级园区占全国园区总数量的 38% 左右。

虽然化工园区能够将化工企业的资源进行最优化利用，带动周边经济的快速发展，但是由于目前行业标准化建设的不完全，在整体上缺乏安全风险意识，在布局上缺少了科学规划，在监管中未做到尽职尽责，因此也对人民生命安全和财产安全带来了巨大威胁。近年来，化工事故总量依然较大，尤其是重特大事故仍有发生。

如何遏制化工事故的发生，如何实现化工园区有效的安全管理，如何促

进化工园区的规范化建设，如何开展化工事故的风险预警工作，这是当前我国安全生产监督监管的重要工作，也是当前急需解决的问题，从国务院安委会到各地区应急管理部门，都在逐步完善我国安全生产的法律法规体系，同时也对行业发展、企业建设提出了要求，要设置科学规划园区的布局，构建安全生产综合管理体系，这是从顶层设计进行的要求；只有制定总体规划，进行进入园区的项目评估，才确保安全园区内的基本安全，这是对各个园区的要求；只有企业全面识别安全隐患，科学开展评估，提升评估安全水平，才能实现企业安全生产，这时对园内企业的要求。不管是从哪个层面，都要以安全生产发展、安全城市建设的理念，不能以牺牲为代价，要坚定红线意识，开展危险化学品的风险评价，落实重大危险源隐患的整改。

近年来，我国化工园区内发生危险化学品重特大事故的新闻经常出现在新闻报道中，而国外化工园区危险化学品安全生产事故却鲜有报道，这恰恰反映出，目前在我国一些化工园区的危险化学品的监督与管理方面，距离发达国家的监督与管理水平还有较大的差距。响水天嘉宜化工有限公司“3 · 21”特别重大爆炸事故，这次事故不仅仅反映出安全监督管理方法中的问题，也使得我国当前在化工园区，尤其是危险化学品监管中还有漏洞。

将在我国区域内发生的种种危险化学品事故进行统计对比，可以很明显地发现，近年来发生的安全生产事故的主要原因，都来源于人员、物料、设备、环境、管理等因素，也包含一些其他的工艺技巧等原因。危险化学品贮存事故的直接原因也是由于上述五类因素导致的贮存失效。本研究的重点是分析风险因素的类型，之后研究风险因素之间的联系，从而建立起因素耦合的规律，通过量化分析的方法计算耦合风险。研究成果能够为化工园区建立一套系统的风险评价方法，从而确定风险预防和控制的战略，为实施风险安全管理提供辅助决策，具有一定的理论意义和现实意义。

二、化工园区危险化学品贮存风险评价方法与模型

（一）风险评价的方法

风险评价，也可以叫安全评价。它是通过一些方法寻找整体目标的潜在危险，根据分析后的发生概率和影响范围，来设置相应的防控解决手段。风险评价分为定性和定量，两种方法在本质上有很大的区别，从根本上来说是定性地判断可承受危险程度，定量地处理评价指标。

1. 定性评价方法

（1）调查和专家打分法

专家打分法是将系统的全部风险因素识别之后，将风险列出形成风险调查表，再通过相关领域的专家进行评价，专家将依据个人经验，对调查表中的各风险因素的重要程度进行评价，最后综合整体系统风险。

（2）层次分析法

层次分析法将复杂四通分解成不同的层次，每个层次中细分为不同的因素，根据因素的相互关联，形成一个多层次的分析模型。通过每层因素之间的比较，根据标度方法和定义，两两比较构成判断矩阵，进而计算求得各因素的相对重要程度，构建权重向量。

2. 定量评价方法

（1）模糊数学法

模糊数学法是对模糊集合的应用，它能够对技术、管理等领域中一些性质或活动无法直接用数字来衡量的问题进行评价，能够对模糊行为作出评价。最早提出这一方法的是美国学者 L.A.Zadeh，在 1965 年运用模糊集合的概念，建立评价模型。

（2）蒙特卡罗模拟

蒙特卡罗方法是一种通过数学模型解决问题的模拟技术。该方法首先需要对问题的变量进行抽样，然后讲收集到的数据带入模型，从而确定函数值。这种方法能够根据实际问题进行模拟，利用构建的数学模型特征，重复进行对问题的多次抽样，将结果进行统计分析处理后，再形成最终的结论。

3. 采用方法对比

调查和专家打分法操作简单，容易理解，且能够节省时间，是进一步分析问题的基础方法。在开展研究的前期，通过该方法能够获得较为全面的分析资料，并利用专家经验能够一定程度上解决基础问题，其结果能够为后续更为精确的研究提供参考，且能够解决难以定量评价的问题。

为综合专家评价结果，采用系统的层次分析法来进一步获得更精确的数据。层次分析法能够细化因素和系统的层级关系，构建权重体系，因此在评价过程中更合理。在进行因素对比时，两两比较并进行一致性检验，也提高了评价的准确性，运用层次分析法的计算结果也具备可行性。

（二）风险耦合模型

1. 风险耦合理论

物理学家认为，“耦合”是指两个及以上实体彼此作用影响产生互动的现象，险管理的相关专家学者认为，“风险耦合”是指两个及以上实体系统中，一个发生风险，诱导其他发生变化乃至对整体产生影响的现象。

化工园区危险化学品贮存安全事故致因理论、风险源和风险分级评估的研究已经较为成熟。相比之下，对于危险化学品贮存安全的风险耦合机理、耦合模型、风险耦合演化趋势的研究则相对较少。最先开始安全风险耦合研究的是航空领域的学者，随着研究的不断深入，逐渐有学者将风险耦合理论应用于其他领域，当前也形成了许多类型的耦合模型，但是计算机、企业管理、航空领域，危险化学品风险耦合机理及模型的研究相比较少。

2. 风险耦合模型对比

安全风险耦合模型有风险传导模型、耦合度模型、系统动力学模型及 N–K 模型等多种类型。

（1）风险传导模型

风险传导模型可以通过风险因素分析找出风险传导的路径，但缺少定量的耦合效应分析，主要运用于企业管理、交通管理等领域。其研究理论可以分为两大类，一类基于多米诺骨牌理论，利用风险矩阵的参数估计，将风险因素转换为风险损益；另一类基于能量释放理论，利用 Haddon 矩阵分析风险因素的能量状态，关注风险的防范和控制。

（2）耦合度模型

耦合度模型常使用层次分析法和神经网络分析法来确定序参量，借助功效函数完成耦合度的计算。整个计算过程较为简单，需求的样本数量也较小，主要应用于风险管理、航空安全等领域。

（3）系统动力学模型

系统动力学模型，是借助计算机软件以系统论、信息论等理论为基础，对复杂的系统进行动态模拟研究的方法。目前由于该模型能够从系统的内部结构来寻找问题发生的根源、预测未来发展，以广泛运用于多领域。

（4）N–K 模型

N–K 模型是运用与分析复杂系统中多因素风险耦合关系常用的模型，多被运用于企业、信息、风险、交通安全等领域，模型可以利用历史数据来对不同系统间的复杂关系进行分析。

三、化工园区危险化学品贮存风险评价指标体系的构建

（一）化工园区危险化学品贮存风险因素辨识

1. 人员方面的风险因素分析

人员方面的风险因素主要来源于从业人员参差不齐的职业素质，由于从业人员的差距导致的事故发生概率的大小也有所不同。其可能存在的风险有作业人员专业知识有缺陷；作业人员的专业技能缺乏；作业人员的安全意识不足；未在特定作业环境内穿戴防静电等防护用品；作业人员违规操作或操作失误等。

2. 设备方面的风险因素分析

危险化学品贮存环节中设施设备使用频繁，设计设备种类较多，一旦失效将不可避免地导致事故发生。设备方面存在的风险有仪器设备的完好率、安全防护装置状态、危险化学品容器或包装、设施、设备、安全附件受损、老化或缺失；设备预警、报警、消防系统故障；防静电、防雷击等设备缺乏；消防设施、消防器材不足或故障；设备连接不紧密或未安全连接等。

3. 物料方面的风险因素分析

物料的风险主要来源于贮存物料的本身危险特性，包含未按照要求分类、分开、分区的贮存原则进行贮存；未定期向相关部门提供危险化学品登记的有关信息和材料；未及时清洗使用过的废旧容器；用于包装危险货物的材料、标识不符合行业标准；危险物质的易燃性、易爆性、有毒性、腐蚀性、放射性；未按照安全管理规定标准的贮存量贮存危险物质。

4. 环境方面的风险因素分析

危险化学品贮存环境风险因素指室内外作业环境的不良条件和缺陷，受作业环境条件和自然环境条件的影响，环境方面的风险因素包括极端自然环境，如地震、雷电、台风等；装卸作业时未保证安全作业条件；贮存厂房耐火、抗震等级未达到安全标准；贮存物料的温度、湿度、通风条件有缺陷；园区内布局安全防护间距不足；园区选址不符合工业布局和城市规划要求。

5. 管理方面的风险因素分析

安全管理是实现遏制事故发生的一个重要保障，主要包括企业自身的安全管理和政务及相关部门的监督管理。因此，在管理方面的风险因素有安全管理制度及专职管理人员缺乏；应急预案准备与演练、应急指挥决策能力不足；无完整的安全培训制度，未定期进行安全培训；无健全的安全作业流程规范体系；重大危险源制度不完善，事故隐患整改不到位；监督监察体系不够完善，责任制度不明确。

（二）构建化工园区危险化学品贮存风险评价指标体系的原则

一个全面有效的能够综合反映评估对象真实情况的指标体系，是开展风险评价研究的基础。本研究的主要对象为化工园区危险化学品贮存，对此进行风险评价要按照科学性、目的性、完整性、可操作性、可追踪性的原则设计指标体系如下。

（1）科学性原则。评价中指标的一致性及标准性直接关系评价结果的可靠性，因此选取指标的方法尤为重要。为使选取的指标具备客观性前提，在指标体系构建过程中需要严格遵循科学的方法及程序，以保证指标的广度及深度符合全方位、立体化的科学要求，应该摒弃从主观出发进行的指标筛选，不可随意混淆指标评价体系。

（2）目的性原则。针对化工园区存储风险进行评价指标选取时，基于研究对象的独有特点，从此处着手构建既符合一般性要求又兼具独特性要求的风险评价体系。

（3）完整性原则。在评价化工园区存储风险时，因其涉及因素多、细分子类广，所以对指标选取的范围要求高，应该从全局视角出发，尽可能选取能够全面反应存储风险的评价指标，也应注意指标之间的互补性，避免重复。

（4）可操作性原则。选取评价指标的根本目的是以此为依据提升化工园区的安全水平，因而评价过程中数据收集的难易度、配合指标评价的人财物、实际操作条件等需要纳入考量范围，如一指标的数据收集过程中过高提升了实际成本，则应从可操作性角度考量是否保留此指标，只有符合可操作性原则，化工园区的评价才具备现实意义，得以顺利进行。

（5）可追踪性原则。化工园区生产过程是依据实际不断调整变化的过程，因此对其贮存风险的评价需要因时而动，指标的时效性及可追踪性影响着其预防作用的发挥。

（三）化工园区危险化学品贮存风险评价指标的选取

1. 人员风险评价指标

贮存作业人员的各项素质高低影响着其对紧急事件的反应、判断和决策能力，直接关系到事故发生概率的大小。

（1）作业人员的年龄和工龄：决定了其反应能力、判断能力及体力等。

（2）作业人员的身体素质：决定了其能否适应岗位特点。

（3）作业人员的情绪和心理：反映了作业人员的状态并影响对紧急事件的处理态度。

（4）作业人员的受教育水平：代表了作业人员的专业知识掌握程度。

（5）作业人员的安全意识：包括了是否按要求穿戴防护用品等。

（6）作业人员的专业技能掌握：代表了其处理紧急事件的反应能力。

2. 设备风险评价指标

贮存过程中需要考虑危险化学品物质本身的特性选择不同的设备来进行安全贮存，因此，物质本身的危险性和贮存设备的使用与事故的发生有密切关系。

（1）贮存设施、设备及附件：反映了贮存基本设施的完备程度。

（2）安全防护装置：包括安全防护、泄压装置、报警系统、消防系统等装置设备。

（3）危险化学品的存放：反映危险化学品存放的情况，如是否防火、防爆，是否与禁忌物料混合贮存。

3. 物料风险评价指标

贮存物料的基本性质是决定化工园区危险化学品贮存安全状态的物质基础，也在一定程度上代表了化工园区的危险等级，衡量物料对化工园区危险化学品贮存的影响程度，主要考虑危险化学品本身的危险性和贮存的数量。其具体评价指标如下。

（1）危险化学品的易燃性、易爆性：主要反映贮存危险货物是否包含爆炸品、易燃液体、易燃固体等具有易燃性、易爆性的危险化学品。

（2）危险化学品的有毒性、感染性：反映了贮存的危险化学品是否有毒、有感染性。

（3）危险化学品的放射性、腐蚀性：反映了贮存的危险化学品是否具有放射性、腐蚀性。

（4）危险化学品的残留性、后期毒害性：代表了危险化学品发生事故后的危险性。

（5）贮存物品危险级别：从贮存保管的角度，对存储的危险化学品进行分类分级。

（6）单位面积贮存量：决定了贮存过程中按照安全管理规定标准的贮存量。

（7）贮存的总数量：决定了贮存危险化学品的种类数量和总体安全容量。

4. 环境风险评价指标

化工园区危险化学品贮存环境是事故发生的外部媒介，由自然环境、园区环境及作业环境构成，关系着事故的大小及危害范围。其具体评价指标如下。

（1）气象条件、风向：自然环境带来的风险主要包括自然气候的影响，如地震、雷电、台风等。

（2）光线、亮度、能见度：对不同性质危险化学品的贮存要求不同。

（3）温度、湿度、通风情况；对不同性质危险化学品的贮存要求不同。

（4）室内外作业条件：主要决定了贮存危险化学品在作业时的安全程度。

（5）选址位置：反映了对园区周边的环境的敏感情况。

（6）安全标识：园区内应根据设备和贮存物质的安全危险级别，标识出简明的安全标签。

（7）通讯条件：反映了当发生紧急事件时的交通运输能力和信息传递能力。

（8）耐火等级：反映了贮存厂房的耐火等级。

（9）安全防护间距：反映了厂房之间的安全防护距离。

5. 管理风险评价指标

从企业内部管理和政府监管部门两方面考虑可以将其具体评价指标分列如下。

（1）应急预案准备与演练：决定了企业在发生紧急事故是的应急反应速度和处理能力。

（2）应急指挥决策：代表了管理人员的应急指挥决策能力。

（3）设施设备安全管理：反映了对贮存设备、安全装置等设施的使用、维护、检修的管理。

（4）管理制度及管理人员：反映了企业的安全管理制度和企业安全人员管理体系。

（5）安全培训制度：决定了企业是否对管理人员、作业人员进行安全培训与教育。

（6）检查及整改制度：代表了企业自身的日常监督检查反馈整改情况。

（7）风险识别能力：反映了企业在每个时期是否能够及时识别危险源的能力。

（8）监督检查：反映了政府主管部门对企业的定期检查监督及反馈。

（9）教育管理：决定了企业在信息和法律上的管理约束。

（10）应急救援能力：决定了在发生紧急事件时对属地救援能力的整合管理。

（四）层次分析法（AHP）确定评价指标权重

层次分析法是将与评价目标有关的因素分解成目标、准则、方案等层次，通过分析因素的相关关系，将每一层的要起诉进行两两对比，根据其不同的重要度赋予相应的标度，而后根据相对重要性的标度，建立了层次结构元素的判断矩阵。通过计算判断矩阵的最大特征向量和特征向量值，可以得到上一层次元素的重要性顺序，进而建立权重向量。该方法具有系统性强、层次结构明显的特点，由于数据来源、计算方法简单的优点被广泛的运用于安全评价、系统工程及经济分析等多种研究领域，为解决问题、提供决策提供了简洁的研究方法。其确定指标权重值的计算过程如下。

1. 构造判断矩阵

在评价指标体系框架构建完成后，通过对每一层的指标要素进行两两比较，来确定每一层次的各个指标之间的相对重要性，借此来确定指标的权重。因此，首先引入 1–9 比率标度法构造出判断矩阵，比对各层指标的相对重要程度，对不同情况的评比给出如表 6–5 所示的数据标度。

表6–5　判断矩阵标度的含义

标度	定义
1	同等重要
3	稍微重要
5	相当重要
7	明显重要
9	绝对重要
2、4、6、8	两个相邻判断的中间值

1–9 级的标度方法能有效地将思维判断数量化，使人们常用的相同、重要、一般重要、很重要等语言进一步细化，在相邻两级之间插入中间值的提法。因此，1–9 级的这种标度对于大多数的评判都是合适的。

在比对过程中，如 i 因素比 j 因素稍微重要，则在判断矩阵中标度为 3，j 因素比因素的重要程度则标度为 1/3，如过 i 因素比 j 因素的重要程度高于稍微重要，但低于相当重要，则在判断矩阵中将 i 因素比 j 因素的重要程度标度为 4，j 因素比因素的重程度则标度为 1/4，表明重要程度介于“稍微重要”与

“相当重要”之间。

2. 指标相对权重的计算方法

根据评价矩阵中包含的数据，计算最大特征值和向量，确定在同一层次各要素的重要性顺序，以确定权重向量。主要步骤如下。

（1）将判断矩阵规范化，即将判断矩阵 A 的每一列元素作归一化处理，计算方法如下：

$$\bar{a}_{ij}=\frac{a_{ij}}{\sum_{k=1}^{n}a_{kj}}(i,j=1,2,\cdots,n)$$

式中：$a_{ij}>0,a_{ij}=\frac{1}{a_{ji}}(i\neq j)$

（2）计算判断矩阵 A 各行元素之和 w_i：

$$\bar{w}_i=\sum_{j=1}^{n}\bar{a}_{ij}(i,j=1,2,\cdots,n)$$

式中：n 表示矩阵 A 的阶数，也是该层指标的总数。

（3）对向量 $\bar{\boldsymbol{w}}_i$ 进行归一化处理得到 $\boldsymbol{w}_i$：

$$\boldsymbol{w}_i=\frac{\bar{\boldsymbol{w}}_i}{\sum_{i=1}^{n}\bar{w}_i}(i,j=1,2,\cdots,n)$$

式中：$w_{\mathrm{i}}=\left[w_1,w_2,\ldots,w_n\right]^T$ 即为评价指标的权重向量。

（4）根据 $A_w=\lambda_{\max}w$ 求出最大特征根 $\lambda_{\max}$

（5）一致性检验

判断矩阵的一致性检验主要是检验在进行两两比较时是否存在矛盾的情况，如 A 比 B 明显重要，B 比 C 明显重要，但又存在 C 比 A 稍微重要的情况。因此，要对判断矩阵的一致性进行检验。计算一致性比例来判断是否通过一致性检验，如果 $C.R.>0.10$，则说明该判断矩阵没有通过一致性检验，应对矩阵中的因素重新进行比对，对矩阵 A 进行修正。如果 $C.R.<0.10$，则说明该矩阵通过了一致性检验，可用于计算评价指标权重。具体检验步骤如下。

①计算一致性指标 $C.I.=\frac{(\lambda)_{\max}-n}{n-1}$。

②根据判断矩阵阶数，查找平均随机一致性指标 R.I. 的值；式中：R.I. 为

判断矩阵 1–7 阶的相应平均随机一致性指标，通过查表方式确定不同阶数矩阵的 R.I. 值，如表 6–6 所示。

表6–6　平均随机一致性指标R.I.取值表

矩阵阶数	1	2	3	4	5	6	7
R.I. 值	0.00	0.00	0.58	0.89	1.12	1.26	1.36

③计算一致性比例 $C.R.=\dfrac{C.R.}{R.I.}$；

当 C.R.<0.1 时，可接受一致性检验，否则对 A 修正。

3. 准则层指标权重的计算

未得到准则层指标的权重，根据判断矩阵的构造方法，将“人”的因素、“机”的因素 B_2、“物”的因素 B_3、“环”的因素 B_4、“管”的因素 B_5 进行两两比较，得到判断矩阵 A 为：

$$A=\begin{pmatrix} 1 & 1/3 & 1/4 & 1/2 & 1/3 \\ 3 & 1 & 1/2 & 2 & 2 \\ 4 & 2 & 1 & 4 & 3 \\ 2 & 1/2 & 1/4 & 1 & 1 \\ 3 & 1/2 & 1/3 & 1 & 1 \end{pmatrix}$$

通过计算指标权重的向量，归纳结果，得到准则层因素指标如表 6–7 所示。

表6–7　化工园区危险化学品贮存风险A准则层因素权重计算结果

贮存风险 A	人 B_1	机 B_2	物 B_3	环 B_4	管 B_5	W_i	λ_{max}	$C.I./R.I.$
人 B_1	1	1/3	1/4	1/2	1/3	0.0722		
机 B_2	3	1	1/2	2	2	0.2374		
物 B_3	4	2	1	4	3	0.4176	5.0890	0.0199
环 B_4	2	1/2	1/4	1	I	0.1259		
管 B_5	3	1/2	1/3	1	1	0.1469		

4. 各准则层评价指标权重的计算

（1）“人”的风险各评价指标权重计算

在化工园区危险化学品贮存风险的人员风险的评价中，可分为人员的身体素质 C_1 和专业素质 C_2 共 2 项二级指标。通过构造判断矩阵，计算权重向量，可归纳结果如表 6-8 所示。

表6-8 “人”的风险 B_1 指标权重计算结果

“人”的风险 B_1	人员的身体素质 C_1	人员的专业素质 C_2	W_i	λ_{max}	$C.I./R.I.$
人员的身体素质 C_1	1	1/4	0.2000	2.0000	0.0000
人员的专业素质 C_2	4	1	0.8000		

人员的身体素质口可细分为人员的年龄和工龄 C_{11}、身体素质 C_{12}、情绪和心理 C_{13} 等 3 个三级指标，人员的专业素质 C_2 可细分为专业技能掌握 C_{21}、受教育水平 C_{22}、安全意识 C_{23} 等 3 个三级指标。通过构造判断矩阵，计算权重向量，可归纳结果，人员的身体素质 C_1 和人员的专业素质 C_2 结果分别如表 6-9 和表 6-10 所示。

表6-9 人员的身体素质 C_1 指标权重计算结果

人员的身体素质	年龄和工龄 C_{11}	身体素质 C_{12}	情绪和心理 C_{13}	W_i	λ_{max}	$C.I./R.I.$
年龄和工龄 C_{11}	1	1/2	1/2	0.1958	3.0536	0.0516
身体素质	2	1	1/2	0.3108		
情绪和心理	2	2	1	0.4934		

表6-10 人员的专业素质 C_2 指标权重计算结果

人员的专业素质	专业技能掌握	受教育水平	安全意识	W_i	λ_{max}	$C.I./R.I.$
专业技能掌握	1	4	1	0.4579	3.0092	0.0088
受教育水平	1/4	1	1/3	0.1260		
安全意识	1	3	1	0.4161		

（2）“机”的风险各评价指标权重计算

在化工园区危险化学品贮存风险的机械设备设施风险的评价中，重点考虑贮存设施设备 C_3 这项指标，可分为贮存设备及附件 C_{31}、安全防护装置 C_{32} 及危险化学品存放匹配情况 C_{33} 共 3 项三级指标。通过构造判断矩阵，计算权重向量，可归纳结果如表 6–11 所示。

表6–11　贮存设施设备 C_3 指标权重计算结果

贮存设施设备 C_3	贮存设备及附件 C_{31}	安全防护装置	存放匹配情况	W_i	λ_{max}	$C.I./R.I.$
贮存设备及附 C_{31}	1	1	1	0.3333	3.0000	0.0000
安全防护装置 C_{32}	1	1	1	0.3333		
存放匹配情况 C_{33}	1	1	1	0.3333		

（3）“物”的风险各评价指标权重计算

在化工园区危险化学品贮存风险的物料风险的评价中，可分为危险化学品的危险性 C_4 和危险化学品的存储量 C_5 等 2 项二级指标。通过构造判断矩阵，计算权重向量，可归纳结果如表 6–12 所示。

表6–12　“物”的风险 B_3 指标权重计算结果

“物”的风险 B_3	危险化学品的危险性 C_4	危险化学品的存储量 C_5	W_i	λ_{max}	$C.I./R.I.$
危险化学品的危险性 C_4	1	1	0.5000	2.0000	0.0000
危险化学品的存储量 C_5	1	1	0.5000		

（五）化工园区危险化学品贮存风险评价指标体系

通过风险因素分析，将属于同一属性的元素归类，将基本元素作为评价指标体系的指标层，指标层的上一层有不同性质的问题构成准则层，将所有的准则层集合形成目标层，也就是本次进行安全风险评价的最终目标。本研究以化工园区危险化学品贮存风险作为目标层，以“人、机、物、环、管”5 大类形成准则层，进一步细化指标组成由 35 个基础指标组成的指标层。应用层次分析法计算权重，构建化工园区危险化学品贮存风险评价指标体系如表 6-13 所示。

表中各评价指标的权重表示了对化工园区危险化学品贮存风险的影响程度，在所有的指标中，对化工园区贮存危险化学品的安全风险影响最大的就是贮存的设施设备情况以及贮存危险化学品的性质数量。其中危险化学品贮存设备的安全状态和设备的匹配配备情况对化工园区危险化学品贮存风险的影响权重为 0.2374，危险化学品贮存数量（单位贮存量及贮存总数量）对化工园区危险化学品贮存安全的影响权重达到了 0.4176。设备和物料的因素在化工园区危险化学品贮存中占有重要的地位，一旦发生危险将给整个化工园区带来巨大损失和极大地负面影响。

表6-13　化工园区危险化学品贮存风险评价指标体系

<table>
<tr><th>一级指标</th><th>权重</th><th>二级指标</th><th>权重</th><th>三级指标</th><th>权重</th></tr>
<tr><td rowspan="6"></td><td rowspan="6">0.0722</td><td rowspan="3">作业人员的身体素质</td><td rowspan="3">0.0144</td><td>年龄和工龄</td><td>0.1958</td></tr>
<tr><td>身体素质</td><td>0.3108</td></tr>
<tr><td>情绪和心理</td><td>0.4934</td></tr>
<tr><td rowspan="3">作业人员的专业素质</td><td rowspan="3">0.0578</td><td>专业技能掌握</td><td>0.4579</td></tr>
<tr><td>受教育水平</td><td>0.1260</td></tr>
<tr><td>安全意识</td><td>0.4161</td></tr>
<tr><td rowspan="3"></td><td rowspan="3">0.2375</td><td rowspan="3">危险化学品贮存设施设备</td><td rowspan="3">0.2375</td><td>仓储设施、设备及附件</td><td>0.3333</td></tr>
<tr><td>安全防护装置</td><td>0.3333</td></tr>
<tr><td>危险化学品的存放</td><td>0.3333</td></tr>
</table>

续　表

一级指标	权重	二级指标	权重	三级指标	权重
	0.4176	危险化学品的危险性	0.2088	易燃性、易爆性	0.1896
				有毒性、感染性	0.2185
				放射性、腐蚀性	0.2931
				残留性、后期毒害性	0.1092
				仓储物品危险级别	0.1896
		危险化学品的数量	0.2088	单位面积贮存量	0.5000
				仓储的总数量	0.5000
	0.1259	自然环境	0.0176	气象条件、风向等	1.0000
		化工园区环境	0.0664	选址位置	0.1305
				安全标识	0.1204
				通信条件	0.0765
				耐火等级	0.3363
				安全防护间距	0.3363
		仓储作业环境	0.0418	光线、亮度、能见度	0.2500
				温度、湿度、通风	0.2500
				室内外作业条件	0.5000
	0.1469	管理部门管理	0.0490	监督检查	0.5396
				教育管理	0.2970
				应急救援能力	0.1634
		企业自身管理	0.0979	应急预案准备与演练	0.0671
				应急指挥决策	0.0889
				设施设备安全管理	0.1773
				管理制度及管理人员	0.2523
				安全培训制度	0.1427
				检查及整改制度	0.1304
				风险识别能力	0.1413

参考文献

[1] 浙江省安全生产教育培训教材编写组.危险化学品安全作业[M].杭州：浙江科学技术出版社，2017.

[2] 赵声萍.危险化学品作业 初训[M].南京：东南大学出版社，2006.

[3] 葛方.危险化学品运输安全管理规范[M].沈阳：辽宁大学出版社，2003.

[4] 沈立.危险化学品建设项目设立安全评价[M].南京：东南大学出版社，2010.

[5] 赵鑫，李欣，赵英杰.我国危险化学品安全监管队伍能力提升探究[J].当代石油石化，2022，30(02)：49–54.

[6] 张帅.一种用于危险化学品装卸栈台的应急喷淋设施[J].山西化工，2022，42(01)：183–184+187.

[7] 胡益新.危险化学品安全生产监管的主要问题及对策[J].化工管理，2022(05)：80–82.

[8] 吉亮.进出口危险化学品及其包装要申报吗[J].中国海关，2022(01)：61.

[9] 李睿.贯彻新修《安全生产法》推进危险化学品行业安全管理[J].化工管理，2022(01)：70–72.

[10] 史彩娟，董婷婷.危险化学品库设计概述[J].煤炭与化工，2021，44(12)：146–148.

[11] 樊金鹿，冯雯雯.港口(区)危险化学品/危险货物安全监管体制及有效性措施研讨[J].中国安全生产科学技术，2021，17(S1)：177–181.

[12] 付志新.发电企业危险化学品安全管理[J].电力安全技术，2021，23(12)：11–14.

[13] 沈明军，赵金尧，刘钊，等.危险化学品容器产品密封试验及连接装置的研究分析[J].绿色包装，2021(11)：38–42.

[14] 雷芳，郝龙琼.危险化学品道路运输风险评估分析[J].当代化工研究，2021(19)：174–176.

[15] 王忠剑，李文有，洪志军，等 . 浅析企业如何建设危险化学品安全文化 [J]. 当代化工研究，2021(18)：185–186.

[16] 黄建东 . 工贸企业危险化学品中间仓库常见的问题与应对措施 [J]. 化工管理，2021(24)：124–125.

[17] 林晓梅，彭锟，任亮，等 . 进出口危险化学品合格评定方式研究 [J]. 质量安全与检验检测，2021，31(04)：38–40+46.

[18] 李悦天，刘雪蕾，赵小娟，等 . 高校危险化学品分类分级管理实践与探索 [J]. 中国环境监测，2021，37(04)：12–19.

[19] 王亚慧，尹洧 . 高等学校危险化学品的安全管理 [J]. 安全，2021，42(08)：75–78.

[20] 毛岳洲 . 基于风险理念视角的危险化学品的安全管理 [J]. 化工管理，2021(23)：107–108.

[21] 杜明修 . 危险化学品安全生产管理现状及对策 [J]. 化工管理，2021(20)：93–94.

[22] 王峰，顾毅，郑锦泉 . “工业互联网 + 危险化学品”安全管控 [J]. 张江科技评论，2021(03)：39–41.

[23] 韩光宇，何淼，赵明，等 . 高校实验室危险化学品全周期信息化管理实践与探索 [J]. 实验技术与管理，2021，38(06)：278–281.

[24] 邢天宇 . 危险化学品储运的安全管理 [J]. 化工管理，2021(17)：95–96.

[25] 周仲鑫 . 危险化学品运输的半开放式路径优化研究 [D]. 河北工程大学，2021.

[26] 董慧栓 . 落实危险化学品企业安全生产培训工作 [J]. 天津化工，2021，35(03)：119–120.

[27] 陈金合，翟良云，胡训军 . 危险化学品进口管理概述 [J]. 精细与专用化学品，2021，29(05)：1–3.

[28] 吉亮 . 进出口危险化学品及其包装检验监管问答 [J]. 中国海关，2021(04)：47.

[29] 周小进 . 危险化学品生产企业仪表系统的接地保护 [J]. 化学工程与装备，2021(04)：228–229.

[30] 覃娟 . 危险化学品重大危险源辨识探讨 [J]. 化工管理，2021(10)：105–106+114.

[31] 京津冀：建立应对危险化学品事故协调联动机制 [J]. 安全与健康，2021(03)：70.

[32] 吕民．危险化学品贮存事故应急演练模拟仿真系统开发 [J]. 化工设计通讯，2021，47(03)：112–113.

[33] 马力通，李松波．新工科建设中实验室危险化学品的安全管理与使用 [J]. 内蒙古石油化工，2021，47(03)：59–60+72.

[34] 刘韦光，梁峻，欧阳刚，等．工贸企业危险化学品使用安全现状探析 [J]. 河北工业科技，2021，38(02)：85–90.

[35] 吉卫云．高校实验室危险化学品的安全管理 [J]. 化工管理，2021(07)：93–94.

[36] 应急管理部出台危险化学品企业重大危险源安全包保责任制办法 [J]. 中国安全生产科学技术，2021，17(02)：97.

[37] 江军花，盛怡雯．浅析基于产教融合的虚拟仿真危险化学品运输系统实训建设 [J]. 物流工程与管理，2021，43(02)：125–127+110.

[38] 庞文陶，王靖雯．实验室危险化学品的实用管理技术 [J]. 化工管理，2021(04)：114–115.

[39] 夏侯觊．企业危险化学品安全管理常见问题及对策探讨 [J]. 当代化工研究，2021(01)：27–28.

[40] 张松．危险化学品安全管控与应急救援对策 [J]. 化工设计通讯，2020，46(12)：141–142.

[41] 陆珏安，陈永春．危险化学品环境污染事故应急废物处理处置 [J]. 资源节约与环保，2020(11)：132–133.

[42] 朱正正．浅谈火力发电厂危险化学品贮存管理控制 [J]. 低碳世界，2020，10(11)：150–151.

[43] 张成立．消防救援队伍危险化学品事故救援训练设施建设的思考 [J]. 山东化工，2020，49(20)：246–247.

[44] 陈兆宏．危险化学品单位安全生产标准化管理探究 [J]. 化工管理，2020(30)：84–85.

[45] 杨建锋．危险化学品安全监管存在问题及监管思路 [J]. 化工管理，2020(29)：110–111.

[46] 马作栋．危险化学品行业消防安全管理对策 [J]. 化工管理，2020(27)：70–71.

[47] 安敏.加强危险化学品采购及储运过程管理的几点建议[J].化工管理，2020(26)：3–4.

[48] 郑琳琳.高校实验室危险化学品安全管理现状与对策[J].湖南安全与防灾，2020(09)：41–42.

[49] 颛孙森森.危险化学品生产工艺安全措施分析及研究[J].化工设计通讯，2020，46(09)：56–57.

[50] 朱旭峰.危险化学品贮存装卸环节存在的安全隐患及解决对策[J].石化技术，2020，27(08)：156+166.